essentials

essentials liefern aktuelles Wissen in konzentrierter Form. Die Essenz dessen, worauf es als „State-of-the-Art" in der gegenwärtigen Fachdiskussion oder in der Praxis ankommt. *essentials* informieren schnell, unkompliziert und verständlich

- als Einführung in ein aktuelles Thema aus Ihrem Fachgebiet
- als Einstieg in ein für Sie noch unbekanntes Themenfeld
- als Einblick, um zum Thema mitreden zu können

Die Bücher in elektronischer und gedruckter Form bringen das Expertenwissen von Springer-Fachautoren kompakt zur Darstellung. Sie sind besonders für die Nutzung als eBook auf Tablet-PCs, eBook-Readern und Smartphones geeignet. *essentials:* Wissensbausteine aus den Wirtschafts-, Sozial- und Geisteswissenschaften, aus Technik und Naturwissenschaften sowie aus Medizin, Psychologie und Gesundheitsberufen. Von renommierten Autoren aller Springer-Verlagsmarken.

Weitere Bände in dieser Reihe http://www.springer.com/series/13088

Manfred Hahn · Rafael D. Jarzabek

3D-Spannungsanalyse von linear elastisch homogenen Körpern

Analytische Lösungsmethoden für
kontinuumsmechanische Probleme

 Springer Vieweg

Manfred Hahn
Institut für
Maschinenbau, Festkörpermechanik
Technische Universität Dresden
Dresden, Deutschland

Rafael D. Jarzabek
Institut für Statik und Dynamik der
Luft- und Raumfahrtkonstruktionen
Universität Stuttgart
Stuttgart, Deutschland

ISSN 2197-6708   ISSN 2197-6716   (electronic)
essentials
ISBN 978-3-658-17273-2   ISBN 978-3-658-17274-9   (eBook)
DOI 10.1007/978-3-658-17274-9

Die Deutsche Nationalbibliothek verzeichnet diese Publikation in der Deutschen Nationalbiblio-
grafie; detaillierte bibliografische Daten sind im Internet über http://dnb.d-nb.de abrufbar.

Was Sie in diesem *essential* finden können

- Geschichtliche Entwicklung von Spannungsfunktionen nach MAXWELL, MORERA und anderen
- Verschiebungsansatz nach PAGANO für räumliche Probleme
- Diskussion verschiedener Spannungsfunktionen mach MAXWELL für 3D-Probleme
- Spannungsanalyse dicker Platten mittels einer Spannungsfunktion und Verschiebungsfunktionen
- Analytische Lösungen zur Verifikation von numerischen Modellen
- Nachweis über die Äquivalenz von Verschiebungsfunktionen und Spannungsfunktionen

Vorwort

Seit der Einführung und Etablierung numerischer Methoden haben analytische Lösungen in der Kontinuumsmechanik an Bedeutung verloren. Jedoch sind die analytischen Methoden und Lösungen zur Ergebnisevaluierung und Parameterstudie von numerischen Ergebnissen von essentieller Bedeutung.

Im letzten Jahrhundert wurden verschiedene Lösungsmöglichkeiten zur Bestimmung von Spannungen in linear elastischen Körpern vorgeschlagen. Dabei wurden Lösungsmethoden für den 2D-Raum intensiv diskutiert. Wegen der Komplexität räumlicher Probleme wurden 3D-Ansätze lediglich kurz angerissen, da viele Theorien und Ansätze zu keinen Ergebnissen geführt haben. Deshalb werden in dieser Veröffentlichung die existierenden 3D-Lösungsverfahren dargelegt und weiter entwickelt, sodass die vorgestellten analytischen Methoden und deren Ergebnisse zur Verifikation und Validierung von numerischen Methoden herangezogen werden können.

Dresden, Deutschland   Manfred Hahn
                         Technische Universität Dresden
Stuttgart, Deutschland   Rafael D. Jarzabek
                             Universität Stuttgart
April 2017

Inhaltsverzeichnis

Dieses *essential* gibt dem Leser die Möglichkeit, die vorgestellten analytischen Lösungen von linear elastischen Körpern im 3D-Raum nachzuvollziehen und eigene zu entwickeln. Diese analytischen Lösungen sind wichtig, da sie zur Verifikation, Validierung und Parameterstudie von neuen und bestehenden numerischen Lösungsmethoden dienen können. Für den Fall, dass keine analytischen Lösungen für räumliche Probleme vorliegen, ist man auf teure und langwierige Experimente angewiesen. Als Basis für die Entwicklung von räumlichen analytischen Lösungen dienen verschiedene *state of the art*-Ansätze, welche hier aufgeführt und erläutert werden.

Zur Spannungsberechnung werden heutzutage numerische Methoden bzw. Computerprogramme herangezogen. Dabei wird den numerischen Lösungen meist blind vertraut, was nicht immer gut ist. Als Ingenieur sollte man die Grenzen bzw. Schwächen der numerischen Verfahren kennen. Abb. 1.1 zeigt anhand einer Gegenüberstellung der analytischen und der numerischen Lösung, dass für einige Spannungen numerische Fehler entstehen können. Woher diese Fehler kommen und wie diese beseitigt werden können, ist dem Programmierer oder dem Anwender des numerischen Programms überlassen. Wichtig ist jedoch die Realisierung bzw. Wahrnehmung, dass numerische Fehler entstehen.

Vor Erfindung und Einsatz des Computers lag der Fokus auf den analytischen Methoden. Trotz aller Anstrengungen sind nur sehr wenige räumliche analytische Lösungen in der Kontinuumsmechanik bekannt, hingegen aber viele im 2D-Raum. Die geringe Anzahl analytischer Lösungen im 3D-Raum ist darin begründet, dass im stationären Fall der 3D-Kontinuumsmechanik 15 Gleichungen vorliegen, die alle erfüllt werden müssen. Dabei wird bereits die Symmetrie des Spannungstensors vorausgesetzt. Ohne die Symmetrie des Spannungstensors wären 18 Gleichungen und 18 Unbekannte vorhanden. Von den 15 Gleichungen stammen drei aus dem Gleichgewicht, sechs aus den kinematischen Beziehungen und sechs weitere aus

© Springer Fachmedien Wiesbaden GmbH 2017   1
M. Hahn und R.D. Jarzabek, *3D-Spannungsanalyse von linear elastisch
homogenen Körpern,* essentials, DOI 10.1007/978-3-658-17274-9_1

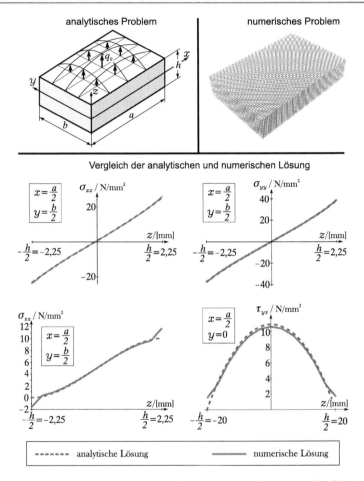

Abb. 1.1 Vergleich der analytisch und numerisch berechneten Spannungen. Zur Generierung der Ergebnisse wurde für die Abmaße $a = 22,5$ mm, $b = 15$ mm, $h = 4,5$ mm, für die bisinusförmige Last auf der Oberseite $q_0 = 10$ MPa, für das Elastizitätsmodul $E = 75$ MPa und für die Querkontraktion $\nu = 0,25$ verwendet. Auf die Berechnungsmethoden der analytischen Kontinuumsmechanik wird in Abschn. 4.4.1 eingegangen. Die numerische Lösung wurde mittels quaderförmigen finiten Elementen erzeugt, wobei in x-Richtung 60 Elemente, in y-Richtung 40 Elemente und in z-Richtung 12 Elemente verwendet wurden. Als Verschiebungsansatz diente ein linearer Ansatz. Ein Vergleich der analytisch und numerisch berechneten Spannungen zeigt, dass die Längsspannungen in x- und y-Richtung gut übereinstimmen. Die Längsspannung in z-Richtung und die Schubspannung τ_{yz} zeigen jedoch vor allem an den Plattenober- und -unterseiten Fehler auf.

dem Materialgesetz. Dabei liegen als Unbekannte sechs Spannungen, sechs Dehnungen und drei Verschiebungen vor. Wegen der Kopplung von allen 15 Gleichungen, von denen neun Gleichungen partielle Differenzialgleichungen sind, können
analytische 3D-Lösungen nur schwer entwickelt werden. Unter bestimmten Bedingungen, in denen ein ebener Spannungszustand oder ebener Verzerrungszustand
vorliegt, kann das 3D-Problem der Kontinuumsmechanik in ein 2D-Problem überführt werden, wodurch sich eine Reihe von Lösungen erzeugen lassen. Dabei werden
oft rotationssymmetrische Zustände mit in Betracht gezogen.

Die analytische Lösungsfindung in der 2D-Kontinuumsmechanik begann 1863,
als AIRY einen Spannungsansatz bzw. eine Funktion, aus der sich die Spannungen
durch Ableitungen entwickeln lassen, vorstellte [1]. Der Ansatz von AIRY, zur Berechnung der Spannungen, wurde von MAXWELL [2], MORERA [3] und BELTRAMI
[4] weiter entwickelt, siehe Abschn. 3.1. Im Jahr 1886 zeigte BELTRAMI jedoch im
Weiteren die Möglichkeit auf, dass ebenso Ansätze für die Dehnungen möglich
sind [3]. Im Kontext der Variationsrechnung zeigte RITZ im Jahr 1909, dass ein
verschiebungsbasierter Ansatz zum Erfolg führt [6]. Diese Idee von RITZ basierte
auf den Gedanken von RAYLEIGH aus dem Jahr 1877, welcher harmonische Verschiebungsansätze zur Beschreibung von Schwingungen verwendete [7]. Die Idee
des Verschiebungsansatzes wurde im Jahr 1970 von PAGANO weiter geführt, indem
er das LAMÉ-NAVIER-Differenzialgleichungssystem für Faserverbundschichtungen
löste [8, 9]. Diese Lösung war die erste komplexe vollständige und kompromiss-
freie Lösung im 3D-Raum, siehe auch Kap. 3. Im Weiteren sind analytische Lösungen für Spezialfälle, wie z. B. für die dünne (KIRCHHOFF-Platte) oder dicke
Platten (REISSNER-MINDLIN-Platte), zu finden. Bei diesen speziellen Plattenlösun-
gen werden jedoch entweder drei Spannungskomponenten vom Gleichgewicht (bei
der dünnen Platte) oder nur eine Spannungskomponente (bei der dicken Platte) vernachlässigt, sodass die angegebenen Lösungen - im Sinne einer 3D-Lösung - nicht
richtig sind.

Fundamentale Gesetzmäßigkeiten der linear elastischen Kontinuumsmechanik

2

In diesem Abschnitt werden die wichtigsten Gesetzmäßigkeiten der linear elastischen Kontinuumsmechanik aufgeführt, welche im Verlauf des *essentials* gebraucht werden. Die Gesetze werden hier nicht hergeleitet, jedoch sind diese Herleitungen in der entsprechenden Fachliteratur zu finden, siehe z. B. MUSSCHELISCHWILI [10], TIMOSHENKO [11], NOVOZHILOV [12], FILONENKO [13], SADD [14], ESCHENAUER [15] oder CHOU [16].

Zusammenfassend besteht die Arbeit der linear elastischen Kontinuumsmechanik darin, die analytische Lösung für 15 gekoppelte Gleichungen zu finden, von denen neun partielle Differenzialgleichungen sind. Die darin enthaltenen 15 Unbekannten sind sechs Spannungen, sechs Dehnungen und drei Verschiebungen. Alle 15 Gleichungen und deren Unbekannte werden in den Abschn. 2.1, 2.2 und 2.3 aufgeführt.

2.1 Gleichgewicht

Im Sinne der Statik wird hier ein Kräftegleichgewicht vorausgesetzt. Unter Verwendung von kartesischen Koordinaten lässt sich in jede Richtung das Kräftegleichgewicht am differenziellen Volumenelement (siehe Abb. 2.1) aufstellen

$$\frac{\partial \sigma_{xx}}{\partial x} + \frac{\partial \tau_{yx}}{\partial y} + \frac{\partial \tau_{zx}}{\partial z} + f_x = \rho \, \ddot{u}_x$$

$$\frac{\partial \tau_{xy}}{\partial x} + \frac{\partial \sigma_{yy}}{\partial y} + \frac{\partial \tau_{zy}}{\partial z} + f_y = \rho \, \ddot{u}_y \qquad (2.1)$$

$$\frac{\partial \tau_{xz}}{\partial x} + \frac{\partial \tau_{yz}}{\partial y} + \frac{\partial \sigma_{zz}}{\partial z} + f_z = \rho \, \ddot{u}_z,$$

© Springer Fachmedien Wiesbaden GmbH 2017
M. Hahn und R.D. Jarzabek, *3D-Spannungsanalyse von linear elastisch homogenen Körpern*, essentials, DOI 10.1007/978-3-658-17274-9_2

Abb. 2.1 Spannungen an
einem differenziellen
Volumenelement.

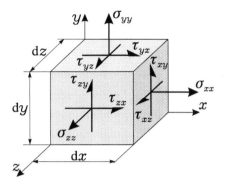

worin σ_{xx}, σ_{yy} und σ_{zz} die Normalspannungen und τ_{xy}, τ_{xz} und τ_{yz} die Schubspannungen sind. Bei den Schubspannungen τ_{ji} bezieht sich der erste Index j auf die Richtung des Normalenvektors der auf der Oberfläche steht, wo die Schubspannung wirkt, und der zweite Index i gibt die Richtung an, in welche die Spannung zeigt. f_x, f_y und f_z sind Volumenkräfte, welche z. B. durch Gravitation oder magnetische Felder verursacht werden können, und $\rho \ddot{u}_i$ sind Massenträgheitskräfte in x-, y- oder z-Richtung.

Das Momentengleichgewicht führt auf die Verhältnisse $\tau_{xy} = \tau_{yx}$, $\tau_{xz} = \tau_{zx}$ und $\tau_{zy} = \tau_{yz}$.

Für den 2D-Fall reduzieren sich die Gleichgewichtsbeziehungen von Gl. 2.1 zu

$$\frac{\partial \sigma_{xx}}{\partial x} + \frac{\partial \tau_{yx}}{\partial y} + f_x = \rho \ddot{u}_x$$

$$\frac{\partial \tau_{xy}}{\partial x} + \frac{\partial \sigma_{yy}}{\partial y} + f_y = \rho \ddot{u}_y. \tag{2.2}$$

2.2 Materialgesetz

Das Materialgesetz, oder das Gesetz von HOOKE, verbindet die sechs Spannungen mit den sechs Dehnungen. In kartesischen Koordinaten gilt [14, 17, 18, 19]

$$
\begin{bmatrix} \varepsilon_{xx} \\ \varepsilon_{yy} \\ \varepsilon_{zz} \\ \gamma_{yz} \\ \gamma_{xz} \\ \gamma_{xy} \end{bmatrix} = \frac{1}{E} \begin{bmatrix} 1 & -\nu & -\nu & 0 & 0 & 0 \\ -\nu & 1 & -\nu & 0 & 0 & 0 \\ -\nu & -\nu & 1 & 0 & 0 & 0 \\ 0 & 0 & 0 & 2(1+\nu) & 0 & 0 \\ 0 & 0 & 0 & 0 & 2(1+\nu) & 0 \\ 0 & 0 & 0 & 0 & 0 & 2(1+\nu) \end{bmatrix} \cdot \begin{bmatrix} \sigma_{xx} \\ \sigma_{yy} \\ \sigma_{zz} \\ \tau_{yz} \\ \tau_{xz} \\ \tau_{xy} \end{bmatrix}
$$

$$
+ \alpha_T \, \Theta \begin{bmatrix} 1 \\ 1 \\ 1 \\ 0 \\ 0 \\ 0 \end{bmatrix}, \tag{2.3}
$$

wobei E der Elastizitätsmodul und ν die Querkontraktionszahl ist [17]. Im Weiteren sind α_T der Wärmeausdehnungskoeffizient, $\Theta = \Theta(x, y, z)$ das Temperaturfeld, bezogen auf eine Referenztemperatur, wo keine Wärmespannungen vorliegen, ε_{xx}, ε_{yy} und ε_{zz} sind die Dehnungen in Normalenrichtung und γ_{xy}, γ_{xz} und γ_{yz} sind die Ingenieur- oder Schubverzerrungen (siehe auch Abschn. 2.3).

Der Schubmodul G in Gl. 2.3 wird mittels dem Elastizitätsmodul und der Querkontraktionszahl ausgedrückt

$$
G = \frac{E}{2(1+\nu)}. \tag{2.4}
$$

Für orthotrope homogene Materialien lautet das HOOKEsche Gesetz in kartesischen Koordinaten [18, 20]

$$
\begin{bmatrix} \varepsilon_{xx} \\ \varepsilon_{yy} \\ \varepsilon_{zz} \\ \gamma_{yz} \\ \gamma_{xz} \\ \gamma_{xy} \end{bmatrix} = \begin{bmatrix} \frac{1}{E_x} & -\frac{\nu_{yx}}{E_y} & -\frac{\nu_{zx}}{E_z}\nu & 0 & 0 & 0 \\ -\frac{\nu_{xy}}{E_x} & \frac{1}{E_y} & -\frac{\nu_{zy}}{E_z} & 0 & 0 & 0 \\ -\frac{\nu_{xz}}{E_x} & -\frac{\nu_{yz}}{E_y} & \frac{1}{E_z} & 0 & 0 & 0 \\ 0 & 0 & 0 & \frac{1}{G_{yz}} & 0 & 0 \\ 0 & 0 & 0 & 0 & \frac{1}{G_{xz}} & 0 \\ 0 & 0 & 0 & 0 & 0 & \frac{1}{G_{xy}} \end{bmatrix} \cdot \begin{bmatrix} \sigma_{xx} \\ \sigma_{yy} \\ \sigma_{zz} \\ \tau_{yz} \\ \tau_{xz} \\ \tau_{xy} \end{bmatrix} + \begin{bmatrix} \alpha_{Tx}\,\Theta \\ \alpha_{Ty}\,\Theta \\ \alpha_{Tz}\,\Theta \\ 0 \\ 0 \\ 0 \end{bmatrix},
$$

$$
\tag{2.5}
$$

worin E_x, E_y und E_z die Materialkonstanten in x-, y- und z-Richtung sind und α_{Tx}, α_{Ty} und α_{Tz} die Wärmeausdehnungskoeffizienten in die entsprechende Richtung. Außerdem sind die Querkontraktionszahlen ν_{ij} mit $i, j = x, y, z$ die negativen Verhältnisse der Querdehnung in j-Richtung zur Längsdehnung in i-Richtung [11, 14, 15, 16, 17, 18, 21]

$$\nu_{ij} = -\frac{\varepsilon_{jj}}{\varepsilon_{ii}}. \tag{2.6}$$

Die Inversion von Gl. 2.5 führt zu

$$\begin{bmatrix} \sigma_{xx} \\ \sigma_{yy} \\ \sigma_{zz} \\ \tau_{yz} \\ \tau_{xz} \\ \tau_{xy} \end{bmatrix} = \begin{bmatrix} C_{11} & C_{12} & C_{13} & 0 & 0 & 0 \\ C_{12} & C_{22} & C_{23} & 0 & 0 & 0 \\ C_{13} & C_{23} & C_{33} & 0 & 0 & 0 \\ 0 & 0 & 0 & C_{44} & 0 & 0 \\ 0 & 0 & 0 & 0 & C_{55} & 0 \\ 0 & 0 & 0 & 0 & 0 & C_{66} \end{bmatrix} \cdot \begin{bmatrix} \varepsilon_{xx} - \alpha_{Tx}\,\Theta \\ \varepsilon_{yy} - \alpha_{Ty}\,\Theta \\ \varepsilon_{zz} - \alpha_{Tz}\,\Theta \\ \gamma_{yz} \\ \gamma_{xz} \\ \gamma_{xy} \end{bmatrix}, \tag{2.7}$$

mit

$$C_{11} = E_x \frac{1 - \nu_{yz}\nu_{zy}}{\Lambda}$$

$$C_{22} = E_y \frac{1 - \nu_{xz}\nu_{zx}}{\Lambda}$$

$$C_{33} = E_z \frac{1 - \nu_{xy}\nu_{yx}}{\Lambda}$$

$$C_{12} = E_x \frac{\nu_{yx} + \nu_{zx}\nu_{yz}}{\Lambda} = E_y \frac{\nu_{xy} + \nu_{xz}\nu_{zy}}{\Lambda}$$

$$C_{13} = E_x \frac{\nu_{zx} + \nu_{yx}\nu_{zy}}{\Lambda} = E_z \frac{\nu_{xz} + \nu_{xy}\nu_{yz}}{\Lambda}$$

$$C_{23} = E_y \frac{\nu_{zy} + \nu_{xy}\nu_{zx}}{\Lambda} = E_z \frac{\nu_{yz} + \nu_{yx}\nu_{xz}}{\Lambda}$$

$$C_{44} = C_{yz}$$

$$C_{55} = C_{xz}$$

$$C_{66} = C_{xy} \quad \text{und}$$

$$\Lambda = 1 - \nu_{xy}\nu_{yx} - \nu_{yz}\nu_{zy} - \nu_{xz}\nu_{zx} - 2\nu_{yx}\nu_{zy}\nu_{xz}.$$

2.3   Kinematische Beziehungen

Die folgenden kinematischen Beziehungen wurden unter der Annahme von kleinen Verschiebungen entwickelt. Die Beziehungen zwischen den Dehnungen und Verschiebungen sind

$$\varepsilon_{xx} = \frac{\partial u}{\partial x}, \quad \varepsilon_{yy} = \frac{\partial v}{\partial y}, \quad \varepsilon_{zz} = \frac{\partial w}{\partial z}, \tag{2.8}$$

$$\gamma_{yz} = 2\,\varepsilon_{yz} = \frac{\partial v}{\partial z} + \frac{\partial w}{\partial y}$$

$$\gamma_{xz} = 2\,\varepsilon_{xz} = \frac{\partial u}{\partial z} + \frac{\partial w}{\partial x} \tag{2.9}$$

$$\gamma_{xy} = 2\,\varepsilon_{xy} = \frac{\partial u}{\partial y} + \frac{\partial v}{\partial x}$$

worin u, v und w die Verschiebungen in x-, y- und z-Richtung, ε_{xx}, ε_{yy} und ε_{zz} die Dehnungen in Normalenrichtung, ε_{xy}, ε_{xz} und ε_{yz} die tensoriellen Schubverzerrungen und γ_{xy}, γ_{xz} und γ_{yz} die Ingenieurverzerrungen sind.

Für den 2D-Fall reduzieren sich die kinematischen Beziehungen aus Gl. 2.8 und 2.9 zu

$$\varepsilon_{xx} = \frac{\partial u}{\partial x}, \quad \varepsilon_{yy} = \frac{\partial v}{\partial y}, \quad \gamma_{xy} = 2\,\varepsilon_{xy} = \frac{\partial u}{\partial y} + \frac{\partial v}{\partial x} \tag{2.10}$$

Im Jahr 1860 verwendete SAINT-VENANT [22] die oben eingeführten kinematischen Beziehungen, um die sogenannten Kompatibilitätsbeziehungen herzuleiten. Diese sechs Gleichungen sind voneinander unabhängig [11, 14, 15, 16, 17, 18, 21, 23]

$$\frac{\partial^2 \gamma_{xy}}{\partial x \partial y} = \frac{\partial \varepsilon_{xx}}{\partial x^2} + \frac{\partial \varepsilon_{yy}}{\partial y^2} \tag{2.11}$$

$$\frac{\partial^2 \gamma_{yz}}{\partial y \partial z} = \frac{\partial \varepsilon_{yy}}{\partial y^2} + \frac{\partial \varepsilon_{zz}}{\partial z^2} \tag{2.12}$$

$$\frac{\partial^2 \gamma_{xz}}{\partial x \partial z} = \frac{\partial \varepsilon_{xx}}{\partial x^2} + \frac{\partial \varepsilon_{zz}}{\partial z^2} \tag{2.13}$$

$$2\frac{\partial \varepsilon_{zz}}{\partial x \partial y} = \frac{\partial}{\partial z}\left(-\frac{\partial \gamma_{xy}}{\partial z} + \frac{\partial \gamma_{xz}}{\partial y} + \frac{\partial \gamma_{yz}}{\partial x}\right) \tag{2.14}$$

$$2\frac{\partial \varepsilon_{yy}}{\partial x \partial z} = \frac{\partial}{\partial y}\left(+\frac{\partial \gamma_{xy}}{\partial z} - \frac{\partial \gamma_{xz}}{\partial y} + \frac{\partial \gamma_{yz}}{\partial x}\right) \tag{2.15}$$

$$2 \frac{\partial \varepsilon_{xx}}{\partial y \partial z} = \frac{\partial}{\partial z} \left(+ \frac{\partial \gamma_{xy}}{\partial z} + \frac{\partial \gamma_{xz}}{\partial y} - \frac{\partial \gamma_{yz}}{\partial x} \right). \tag{2.16}$$

Die Gleichungen Gl. 2.11 bis 2.16 geben die Beziehungen zwischen den Längsdehnungen und den Schubverzerrungen an, wobei alle sechs Gleichungen im 3D-Fall erfüllt werden müssen. Die ersten drei dieser Gleichungen geben das Gleichgewicht der Dehnungen innerhalb einer Ebene an, so z. B. ist Gl. 2.11 die Gleichgewichts- oder Kompatibilitätsbeziehung in der x,y-Ebene, Gl. 2.12 bezieht sich auf die y,z-Ebene und Gl. 2.13 bildet das Gleichgewicht in der x,z-Ebene. Die anderen drei Gl. (2.14–2.16) verknüpfen die ersten drei Kompatibilitätsbeziehungen im 3D-Raum miteinander.

Setzt man in die sechs Kompatibilitätsbeziehungen Gl. 2.11–2.16 von SAINT-VERNANT [22] das Materialgesetz (Gl. 2.3) ohne die Temperaturterme ein, so erhält man den von MICHELL aus dem Jahre 1899 entwickelten Gleichungssatz [25]. Das Temperaturfeld wurde erst später im Jahre 1954 von LANGHAAR und STIPPES mit einbezogen [26]. Heutzutage werden diese sechs Beziehungen als BELTRAMI-MICHELL-Gleichungen bezeichnet [11, 15, 16, 21]

$$\begin{aligned}
\nabla^2 \sigma_{xx} + \frac{1}{1+\nu} \frac{\partial \Omega}{\partial x^2} &= -2 \frac{\partial f_x}{\partial x} - \frac{\nu}{1-\nu} \Gamma_f - \frac{E\alpha_T}{1-\nu^2} \Gamma_1 \\
\nabla^2 \sigma_{yy} + \frac{1}{1+\nu} \frac{\partial \Omega}{\partial y^2} &= -2 \frac{\partial f_y}{\partial y} - \frac{\nu}{1-\nu} \Gamma_f - \frac{E\alpha_T}{1-\nu^2} \Gamma_2 \\
\nabla^2 \sigma_{zz} + \frac{1}{1+\nu} \frac{\partial \Omega}{\partial z^2} &= -2 \frac{\partial f_z}{\partial z} - \frac{\nu}{1-\nu} \Gamma_f - \frac{E\alpha_T}{1-\nu^2} \Gamma_3 \\
\nabla^2 \tau_{yz} + \frac{1}{1+\nu} \frac{\partial \Omega}{\partial y \partial z} &= -\frac{\partial f_y}{\partial z} - \frac{\partial f_z}{\partial y} - \frac{\alpha_T}{1+\nu} \frac{\partial^2 \Theta}{\partial y \partial z} \\
\nabla^2 \tau_{xz} + \frac{1}{1+\nu} \frac{\partial \Omega}{\partial x \partial z} &= -\frac{\partial f_x}{\partial z} - \frac{\partial f_z}{\partial x} - \frac{\alpha_T}{1+\nu} \frac{\partial^2 \Theta}{\partial x \partial z} \\
\nabla^2 \tau_{xy} + \frac{1}{1+\nu} \frac{\partial \Omega}{\partial x \partial y} &= -\frac{\partial f_x}{\partial y} - \frac{\partial f_y}{\partial x} - \frac{\alpha_T}{1+\nu} \frac{\partial^2 \Theta}{\partial x \partial y}
\end{aligned} \tag{2.17}$$

mit

$$\begin{aligned}
\Omega &= \sigma_{xx} + \sigma_{yy} + \sigma_{zz} \\
\Gamma_f &= \frac{\partial f_x}{\partial x} + \frac{\partial f_y}{\partial y} + \frac{\partial f_z}{\partial z} \\
\Gamma_1 &= (1+\nu)\nabla^2 \Theta + (1-\nu) \frac{\partial^2 \Theta}{\partial x^2} \tag{2.18}
\end{aligned}$$

$$\Gamma_2 = (1+\nu)\,\nabla^2\Theta + (1-\nu)\,\frac{\partial^2\Theta}{\partial y^2}$$

$$\Gamma_3 = (1+\nu)\,\nabla^2\Theta + (1-\nu)\,\frac{\partial^2\Theta}{\partial z^2}$$

worin

$$\nabla = \mathbf{e}_x\,\frac{\partial}{\partial x} + \mathbf{e}_y\,\frac{\partial}{\partial y} + \mathbf{e}_z\,\frac{\partial}{\partial z}$$

der Nablaoperator ist und $\mathbf{e}_x$, $\mathbf{e}_y$ und $\mathbf{e}_z$ die Basiseinheitsvektoren im kartesischen Koordinatensystem sind.

Die Gleichungen in (2.17) haben im Vergleich zu den Gl. (2.11) bis 2.16 den Nachteil, dass durch die vorhandenen Materialkonstanten das Gleichungssystem aufwendiger zu lösen ist.

Eine weitere wichtige Beziehung ist das LAMÉ-NAVIER Differentialgleichungssystem, welches mittels der drei Gleichgewichtsbeziehungen (2.1), dem HOOKEschen Gesetz (2.3) und den sechs kinematischen Beziehungen aus Gl. 2.8 und 2.9 gefunden werden kann [14, 15, 16, 21, 27]

$$(1-2\nu)\left(\frac{\partial^2 u}{\partial x^2} + \frac{\partial^2 u}{\partial y^2} + \frac{\partial^2 u}{\partial z^2}\right) + \left(\frac{\partial^2 u}{\partial x^2} + \frac{\partial^2 v}{\partial x\,\partial y} + \frac{\partial^2 w}{\partial x\,\partial z}\right) -$$

$$-2(1+\nu)\alpha_T\,\frac{\partial\Theta}{\partial x} + \frac{2(1+\nu)(1-2\nu)}{E}\,f_x = 0$$

$$(1-2\nu)\left(\frac{\partial^2 v}{\partial x^2} + \frac{\partial^2 v}{\partial y^2} + \frac{\partial^2 v}{\partial z^2}\right) + \left(\frac{\partial^2 u}{\partial x\,\partial y} + \frac{\partial^2 v}{\partial y^2} + \frac{\partial^2 w}{\partial y\,\partial z}\right) -$$

$$-2(1+\nu)\alpha_T\,\frac{\partial\Theta}{\partial y} + \frac{2(1+\nu)(1-2\nu)}{E}\,f_y = 0$$

$$(1-2\nu)\left(\frac{\partial^2 w}{\partial x^2} + \frac{\partial^2 w}{\partial y^2} + \frac{\partial^2 w}{\partial z^2}\right) + \left(\frac{\partial^2 u}{\partial x\,\partial z} + \frac{\partial^2 v}{\partial y\,\partial z} + \frac{\partial^2 w}{\partial z^2}\right) -$$

$$-2(1+\nu)\alpha_T\,\frac{\partial\Theta}{\partial z} + \frac{2(1+\nu)(1-2\nu)}{E}\,f_z = 0. \quad (2.19)$$

Es wird oft angenommen, dass dieses Gleichungssystem nicht gelöst werden kann, jedoch gibt der Abschn. 4.4.1 eine Lösung dieses gekoppelten partiellen Differenzialgleichungssystems an und weist noch auf weitere hin. Ein äquivalentes Gleichungssystem für den 2D-Raum wurde bereits von KAUFMANN und LORENZ gelöst [28, 29].

2.4   Eindeutigkeitssatz

Der Eindeutigkeitssatz besagt, dass es für gegebene Randbedingungen nur eine einzige Lösung in der linear elastischen Kontinuumsmechanik gibt. Der Beweis dafür kann z. B. in MUßSCHELISCHWILI [10], TIMOSHENKO und GOODIER [11], FILONEN-KO-BORODICH [13] oder SELVADURAI [30] nachgelesen werden.

Spannungs-, Dehnungs- und Verschiebungsfunktionen

3

Basierend auf den Gleichungen des vorherigen Kapitels muss jeder Körper mit linear elastischen Materialeigenschaften die folgenden Gleichungen gleichzeitig erfüllen:

- drei Gleichgewichtsbeziehungen (1),
- sechs Kompatibilitätsbeziehungen, welche entweder mittels der Dehnungen ausgedrückt werden (11)–(16) oder mittels der Spannungen (17), und
- die sechs konstitutiven Beziehungen des Materialgesetzes, z. B. für isotropes Material (3) oder für orthotropes Material (5).

Aus diesen Beziehungen folgen 15 Gleichungen und 15 Unbekannte. Zur Lösungsfindung dieses gekoppelten Differenzialgleichungssystems existieren mehrere Vorgehensweisen, welche eingeteilt werden können in

- Ansätze mittels Spannungsfunktionen,
- Verschiebungsansätze oder
- Ansätze mittels Dehnungsfunktionen.

Diese drei Vorgehensweisen werden in den folgenden Kapiteln erläutert. Jede dieser Vorgehensweisen zur Lösungsfindung kann weiter unterteilt werden in

1. Bearbeitung des Problems mittels Funktionen,
2. wenn möglich durch Transformation des gekoppelten Differenzialgleichungssystems in eine einzige Differenzialgleichung, die sich besser handhaben lässt, oder
3. durch eine Kombination dieser beiden Herangehensweisen.

© Springer Fachmedien Wiesbaden GmbH 2017
M. Hahn und R.D. Jarzabek, *3D-Spannungsanalyse von linear elastisch homogenen Körpern*, essentials, DOI 10.1007/978-3-658-17274-9_3

3.1   Spannungsfunktionen

Wenn Spannungsfunktionen verwendet werden, versteht man darunter, dass ein
Spannungsansatz für σ_{ii} und τ_{ij} (mit i, $j = x, y, z$ und $i \neq j$) benutzt werden soll,
oder es wird eine (oder mehrere) Funktion(en) eingeführt, aus der sich die Spannun-
gen durch Ableitungen ergeben. In diesem Fall wird das Differenzialgleichungssystem für gewöhnlich in eine Differenzialgleichung höherer Ordnung überführt. Diese
Idee wurde 1863 von AIRY für den 2D-Fall vorgeführt [1].

3.1.1   Airysche Spannungsfunktionen für 2D-Anwendungen bei Vernachlässigung von Volumenkräften und Temperatureinflüssen

Im Jahre 1863 führte AIRY *eine* Spannungsfunktion $\mathcal{F}$ ein, welche auch als AIRYsche
Spannungsfunktion bezeichnet wird, welche zur Spannungsbestimmung bei ebenen
Problemfällen dient [1]. Dabei vernachlässigte AIRY Körperkräfte und Temperatu-
reinflüsse. Die Beziehungen zwischen der Spannungsfunktion $\mathcal{F}$ und den Spannungen lauten für kartesische Koordinaten

$$\sigma_{xx} = \frac{\partial^2 \mathcal{F}(x, y)}{\partial y^2}, \quad \sigma_{yy} = \frac{\partial^2 \mathcal{F}(x, y)}{\partial x^2}, \quad \tau_{xy} = -\frac{\partial^2 \mathcal{F}(x, y)}{\partial x \, \partial y}. \quad (3.1)$$

Diese Gleichungen erfüllen das Gleichgewicht in der Ebene (Gl. 2.2). Im 2D-Fall
kann mittels der Gl. 3.1, des Gleichgewichts in Gl. 2.2. , des Materialgesetzes für
isotrope Scheiben im ebenen Spannungszustand (oder ebener Verzerrungszustand)
und der Kompatibilitätsbeziehung (11) eine biharmonische Differenzialgleichung
vierter Ordnung entwickeln werden, wie erstmals 1899 von MICHELL gezeigt wurde
[25]

$$\nabla^4 \mathcal{F}(x, y) = \frac{\partial^4 \mathcal{F}}{\partial x^4} + 2\frac{\partial^4 \mathcal{F}}{\partial x^2 \partial y^2} + \frac{\partial^4 \mathcal{F}}{\partial y^4} = 0. \quad (3.2)$$

In der entsprechenden Fachliteratur sind weitere Details zu finden, siehe z. B. in
SADD [14], ESCHENAUER [15] oder GÖLDNER [41].

3.1.2 Airysche Spannungsfunktionen für 2D-Anwendungen mit Volumenkräften und Temperatureinflüssen

Für den allgemeinen 2D-Fall werden die Volumenkräfte und die Temperatur mit in die AIRYsche Spannungsfunktion einbezogen. Für die Volumenkräfte f_x und f_y wird angenommen, dass diese sich aus einer Potenzialfunktion V durch Ableitungen bestimmen lassen

$$f_x = - \frac{\partial V(x, y, z)}{\partial x} \quad \text{und} \quad f_y = - \frac{\partial V(x, y, z)}{\partial y}. \tag{3.3}$$

In diesem Zusammenhang können die Beziehungen von AIRY (Gl. 3.1) durch die Potenzialfunktion $V(x, y, z)$ ergänzt werden

$$\sigma_{xx} = \frac{\partial^2 \mathcal{F}(x, y)}{\partial y^2} + V, \quad \sigma_{yy} = \frac{\partial^2 \mathcal{F}(x, y)}{\partial x^2} + V, \quad \tau_{xy} = - \frac{\partial^2 \mathcal{F}(x, y)}{\partial x \, \partial y}. \tag{3.4}$$

In Anlehnung an Abschn. 3.1.1 kann wieder eine biharmonische Differenzialgleichung gefunden werden. Jedoch unterscheidet sich das Ergebnis für den ebenen Spannungs- und Verzerrungszustand. Für den ebenen Verzerrungszustand ($\varepsilon_{zz} = \gamma_{xz} = \gamma_{yz} = 0$) lautet die Differenzialgleichung unter Einbeziehung der Temperatur im Materialgesetz [14, 15, 19, 41]

$$\nabla^4 \mathcal{F}(x, y) + \frac{1 - 2\nu}{1 - \nu} \nabla^2 V(x, y) + \frac{E \, \alpha_T}{1 - \nu} \nabla^2 \Theta(x, y) = 0 \tag{3.5}$$

und für den ebenen Spannungszustand ($\sigma_{zz} = \tau_{xz} = \tau_{yz} = 0$) ergibt sich [14, 15, 41]

$$\nabla^4 \mathcal{F}(x, y) + (1 - \nu) \, \nabla^2 V(x, y) + E \, \alpha_T \, \nabla^2 \Theta(x, y) = 0. \tag{3.6}$$

Von diesen biharmonischen Gl. (3.5 und 3.6) können Lösungen mit den Randbedingungen gefunden werden. Lösungen spezieller Problemfälle für kartesische Koordinaten, welche die Temperatur beinhalten, können z. B. in TIMOSHENKO und GOODIER [11], GÖLDNER [41], SADD [14] ESCHENAUER und SCHNELL [15] und PARKUS [19] gefunden werden. Für den Fall, dass obige Gleichungen in Zylinderkoordinaten überführt wurden, sind einige Lösungen z. B. in TIMOSHENKO und GOODIER [11], SADD [14] und PARKUS [19] aufgeführt.

3.1.3 Spannungsfunktionen nach Maxwell für 3D-Anwendungen

Im Jahre 1863 führte AIRY *eine* Spannungsfunktion $\mathcal{F}$ ein, um mittels den Ableitungen aus $\mathcal{F}$ den Spannungsverlauf bei ebenen Problemfällen zu bestimmen [1]. MAXWELL nahm den Gedanken von AIRY im Jahre 1866 auf und führte drei Spannungsfunktionen (im Folgenden MAXWELL-Spannungsfunktionen genannt) $\mathcal{F}_1$, $\mathcal{F}_2$ und $\mathcal{F}_3$ ein, um räumliche Probleme zu lösen [2, 42]. Diese drei Spannungsfunktionen können, gemäß MAXWELL, willkürlich sein. Heutzutage nennt man die Lösungssuche mittels der drei Spannungsfunktionen *Dreifunktionenansatz* [43, 44, 45]. Aus diesen drei Spannungsfunktionen können die sechs Spannungen mit den Ableitungen berechnet werden

$$\sigma_{xx} = \frac{\partial^2 \mathcal{F}_2}{\partial z^2} + \frac{\partial^2 \mathcal{F}_3}{\partial y^2} + V$$

$$\sigma_{yy} = \frac{\partial^2 \mathcal{F}_1}{\partial z^2} + \frac{\partial^2 \mathcal{F}_3}{\partial x^2} + V$$

$$\sigma_{zz} = \frac{\partial^2 \mathcal{F}_1}{\partial y^2} + \frac{\partial^2 \mathcal{F}_2}{\partial x^2} + V$$

$$\tau_{yz} = -\frac{\partial^2 \mathcal{F}_1}{\partial y\, \partial z}$$

$$\tau_{xz} = -\frac{\partial^2 \mathcal{F}_2}{\partial x\, \partial z}$$

$$\tau_{xy} = -\frac{\partial^2 \mathcal{F}_3}{\partial x\, \partial y} \qquad (3.7)$$

worin $V = V(x, y, z)$ eine Potenzialfunktion ist, aus welcher die Körperkräfte f_x, f_y und f_z berechnet werden können

$$f_x = -\frac{\partial V}{\partial x}, \quad f_y = -\frac{\partial V}{\partial y}, \quad \text{und} \quad f_z = -\frac{\partial V}{\partial z}. \qquad (3.8)$$

Die sechs Gl. 3.7 erfüllen das Gleichgewicht des 3D-Falls in 2.1. Die Spannungsfunktion für den 2D-Fall erhält man aus den Maxwellschen Spannungsfunktionen durch Setzen von $\mathcal{F}_1 = \mathcal{F}_2 = 0$ und $\mathcal{F}_3 = \mathcal{F}$.

Im Jahre 1886 fügte IBBETSON die MAXWELLschen Spannungsfunktionen (Gl. 3.7) in die BELTRAMI- MICHELL-Gleichungen (17) ein [37], was zu

$$\nabla^2\sigma_{xx} + \frac{1}{1+\nu}\frac{\partial\Omega}{\partial x^2} = \frac{1}{1+\nu}\frac{\partial^2}{\partial x^2}\left(\mathcal{F}_1'' + \mathcal{F}_2'' + \mathcal{F}_3''\right) + \frac{\partial^2}{\partial z^2}\nabla^2\mathcal{F}_2 + \frac{\partial^2}{\partial y^2}\nabla^2\mathcal{F}_1$$

$$\nabla^2\sigma_{yy} + \frac{1}{1+\nu}\frac{\partial\Omega}{\partial y^2} = \frac{1}{1+\nu}\frac{\partial^2}{\partial y^2}\left(\mathcal{F}'' + \mathcal{F}_2'' + \mathcal{F}_3''\right) + \frac{\partial^2}{\partial x^2}\nabla^2\mathcal{F}_3 + \frac{\partial^2}{\partial z^2}\nabla^2\mathcal{F}_1$$

$$\nabla^2\sigma_{zz} + \frac{1}{1+\nu}\frac{\partial\Omega}{\partial z^2} = \frac{1}{1+\nu}\frac{\partial^2}{\partial z^2}\left(\mathcal{F}_1'' + \mathcal{F}_2'' + \mathcal{F}_3''\right) + \frac{\partial^2}{\partial x^2}\nabla^2\mathcal{F}_2 + \frac{\partial^2}{\partial y^2}\nabla^2\mathcal{F}_1$$

$$\nabla^2\tau_{yz} + \frac{1}{1+\nu}\frac{\partial\Omega}{\partial y\partial z} = \frac{1}{1+\nu}\frac{\partial^2}{\partial y\partial z}\left(\mathcal{F}_2'' + \mathcal{F}_3'' - \nu\,\nabla^2\mathcal{F}_1 - \frac{\partial^2\mathcal{F}_1}{\partial x^2}\right)$$

$$\nabla^2\tau_{xz} + \frac{1}{1+\nu}\frac{\partial\Omega}{\partial x\partial z} = \frac{1}{1+\nu}\frac{\partial^2}{\partial x\partial z}\left(\mathcal{F}_1'' + \mathcal{F}_3'' - \nu\,\nabla^2\mathcal{F}_2 - \frac{\partial^2\mathcal{F}_2}{\partial y^2}\right)$$

$$\nabla^2\tau_{xy} + \frac{1}{1+\nu}\frac{\partial\Omega}{\partial x\partial y} = \frac{1}{1+\nu}\frac{\partial^2}{\partial x\partial y}\left(\mathcal{F}_1'' + \mathcal{F}_2'' - \nu\,\nabla^2\mathcal{F}_3 - \frac{\partial^2\mathcal{F}_3}{\partial z^2}\right) \tag{3.9}$$

führt, wobei

$$\Omega = \sigma_{xx} + \sigma_{yy} + \sigma_{zz}$$

$$\mathcal{F}_1'' = \nabla^2\mathcal{F}_1 - \frac{\partial^2\mathcal{F}_1}{\partial x^2}$$

$$\mathcal{F}_2'' = \nabla^2\mathcal{F}_2 - \frac{\partial^2\mathcal{F}_2}{\partial y^2}$$

$$\mathcal{F}_3'' = \nabla^2\mathcal{F}_3 - \frac{\partial^2\mathcal{F}_3}{\partial z^2}$$

ist.

Bisher konnte noch nicht gezeigt werden, dass es eine biharmonische Gleichung, in Anlehnung an den 2D-Fall (Gl. 3.5 oder 3.6), für den 3D-Fall gibt, welche alle sechs Kompatibilitätsbedingungen (Gl. 2.11–2.16 oder 2.17) erfüllt.

Nimmt man das Materialgesetz in Gl. 2.3, so können, mit Hilfe der MAX-WELLschen Spannungsfunktionen in Gl. 3.7, die Dehnungen berechnet werden

$$\varepsilon_{xx} = \frac{1}{E}\left[-\nu\left(\frac{\partial^2}{\partial y^2} + \frac{\partial^2}{\partial z^2}\right)\mathcal{F}_1 + \left(\frac{\partial^2}{\partial z^2} - \nu\frac{\partial^2}{\partial x^2}\right)\mathcal{F}_2\right.$$
$$\left. + \left(\frac{\partial^2}{\partial y^2} - \nu\frac{\partial^2}{\partial x^2}\right)\mathcal{F}_3\right] + \frac{1-2\nu}{E}V + \alpha_T\Theta$$

$$\varepsilon_{yy} = \frac{1}{E}\left[\left(\frac{\partial^2}{\partial z^2} - \nu\frac{\partial^2}{\partial y^2}\right)\mathcal{F}_1 - \nu\left(\frac{\partial^2}{\partial x^2} + \frac{\partial^2}{\partial z^2}\right)\mathcal{F}_2\right.$$

$$\left. + \left(\frac{\partial^2}{\partial x^2} - \nu\frac{\partial^2}{\partial y^2}\right)\mathcal{F}_3\right] + \frac{1-2\nu}{E}V + \alpha_T\Theta$$

$$\varepsilon_{zz} = \frac{1}{E}\left[\left(\frac{\partial^2}{\partial y^2} - \nu\frac{\partial^2}{\partial z^2}\right)\mathcal{F}_1 + \left(\frac{\partial^2}{\partial x^2} - \nu\frac{\partial^2}{\partial z^2}\right)\mathcal{F}_2\right.$$

$$\left. -\nu\left(\frac{\partial^2}{\partial x^2} + \frac{\partial^2}{\partial y^2}\right)\mathcal{F}_3\right] + \frac{1-2\nu}{E}V + \alpha_T\Theta$$

$$\gamma_{yz} = -\frac{2(1+\nu)}{E}\frac{\partial^2\mathcal{F}_1}{\partial y\partial z}$$

$$\gamma_{xz} = -\frac{2(1+\nu)}{E}\frac{\partial^2\mathcal{F}_2}{\partial x\partial z}$$

$$\gamma_{xy} = -\frac{2(1+\nu)}{E}\frac{\partial^2\mathcal{F}_3}{\partial x\partial y}. \tag{3.10}$$

Zu guter Letzt können die Verschiebungen $u(x,y,z)$, $v(x,y,z)$ und $w(x,y,z)$ mittels der kinematischen Beziehungen in Gl. 2.8 über Integration der Dehnungen ε_{ii} und γ_{ij} (mit $i \neq j$) gefunden werden.

Abgesehen davon, dass Funktionen für die Spannung verwendet werden, können auch Dehnungsfunktionen verwendet werden, was dem Vorgehen nach PAGANO ähnlich ist, siehe hierzu die Abschn. 3.2 und 3.3.

3.1.4 Spannungsfunktionen nach Morera für 3D-Anwendungen

Nach der Veröffentlichung von MAXWELL wurde 1892 von MORERA eine weitere Möglichkeit zur Darstellung von Spannungsfunktionen aufgezeigt [3]

$$\sigma_{xx} = \frac{\partial^2\psi_1(x,y,z)}{\partial y\partial z} + V, \quad \sigma_{yy} = \frac{\partial^2\psi_2(x,y,z)}{\partial x\partial z} + V, \quad \sigma_{zz} = \frac{\partial^2\psi_3(x,y,z)}{\partial x\partial y} + V$$

$$\tau_{yz} = \frac{1}{2}\left(+\frac{\partial^2\psi_1(x,y,z)}{\partial x^2} - \frac{\partial^2\psi_2(x,y,z)}{\partial x\partial y} - \frac{\partial^2\psi_3(x,y,z)}{\partial x\partial z}\right)$$

$$\tau_{xz} = \frac{1}{2}\left(-\frac{\partial^2\psi_1(x,y,z)}{\partial x\partial y} + \frac{\partial^2\psi_2(x,y,z)}{\partial y^2} - \frac{\partial^2\psi_3(x,y,z)}{\partial y\partial z}\right)$$

$$\tau_{xy} = \frac{1}{2}\left(-\frac{\partial^2\psi_1(x,y,z)}{\partial x\partial z} - \frac{\partial^2\psi_2(x,y,z)}{\partial y\partial z} + \frac{\partial^2\psi_3(x,y,z)}{\partial z^2}\right). \tag{3.11}$$

In diesen Gleichungen sind ψ_1, ψ_2 und ψ_3 willkürliche Spannungsfunktionen (nun MORERA Spannungsfunktionen genannt) in kartesischen Koordinaten, welche die Gleichgewichtsbeziehungen erfüllen. V ist nun wieder eine Potenzialfunktion, aus der die Körperkräfte f_x, f_y und f_z bestimmt werden können (siehe Gl. 3.8). Werden obige Gleichungen in die Kompatibilitätsbedingungen (2.17) eingesetzt, so erhält man sechs gekoppelte partielle Differenzialgleichungen

$$\nabla^2 \sigma_{xx} + \frac{1}{1+\nu} \frac{\partial \,\Omega}{\partial x^2} = \nabla^2 \frac{\partial^2 \psi_1}{\partial y \partial z} + \frac{\partial^2 \mathcal{M}}{\partial x^2}$$

$$\nabla^2 \sigma_{yy} + \frac{1}{1+\nu} \frac{\partial \,\Omega}{\partial y^2} = \nabla^2 \frac{\partial^2 \psi_2}{\partial x \partial z} + \frac{\partial^2 \mathcal{M}}{\partial y^2}$$

$$\nabla^2 \sigma_{zz} + \frac{1}{1+\nu} \frac{\partial \,\Omega}{\partial z^2} = \nabla^2 \frac{\partial^2 \psi_3}{\partial x \partial y} + \frac{\partial^2 \mathcal{M}}{\partial z^2}$$

$$\nabla^2 \tau_{yz} + \frac{1}{1+\nu} \frac{\partial \,\Omega}{\partial y \partial z} = \frac{1}{2} \nabla^2 \left(+ \frac{\partial^2 \psi_1}{\partial x^2} - \frac{\partial^2 \psi_2}{\partial x \partial y} - \frac{\partial^2 \psi_3}{\partial x \partial z} \right) + \frac{\partial^2 \mathcal{M}}{\partial y \partial z}$$

$$\nabla^2 \tau_{xz} + \frac{1}{1+\nu} \frac{\partial \,\Omega}{\partial x \partial z} = \frac{1}{2} \nabla^2 \left(- \frac{\partial^2 \psi_1}{\partial x \partial y} + \frac{\partial^2 \psi_2}{\partial y^2} - \frac{\partial^2 \psi_3}{\partial y \partial z} \right) + \frac{\partial^2 \mathcal{M}}{\partial x \partial z}$$

$$\nabla^2 \tau_{xy} + \frac{1}{1+\nu} \frac{\partial \,\Omega}{\partial x \partial y} = \frac{1}{2} \nabla^2 \left(- \frac{\partial^2 \psi_1}{\partial x \partial z} - \frac{\partial^2 \psi_2}{\partial y \partial z} + \frac{\partial^2 \psi_3}{\partial z^2} \right) + \frac{\partial^2 \mathcal{M}}{\partial x \partial y} \quad (3.12)$$

mit

$$\mathcal{M} = \frac{1}{1+\nu} \left(\frac{\partial^2 \psi_1}{\partial y \partial z} + \frac{\partial^2 \psi_2}{\partial x \partial z} + \frac{\partial^2 \psi_3}{\partial x \partial y} \right). \quad (3.13)$$

Diese partiellen Differenzialgleichungen beinhalten gemischte Terme, weswegen keine trigonometrischen Funktionen als Ansatz verwendet werden können, da diese zwecks Entkopplung der Gleichungen nicht ausgeklammert werden können.

Die Dehnungen können durch Einsetzen der MORERA-Spannungsfunktionen in das Materialgesetz Gl. 2.3 zu

$$\varepsilon_{xx} = \frac{1}{E} \frac{\partial^2 \psi_1}{\partial y \partial z} - \frac{\nu}{E} \left(\frac{\partial^2 \psi_2}{\partial x \partial z} + \frac{\partial^2 \psi_3}{\partial x \partial y} \right) + \frac{1-2\nu}{E} V + \alpha_T \, \Theta$$

$$\varepsilon_{yy} = \frac{1}{E} \frac{\partial^2 \psi_2}{\partial x \partial z} - \frac{\nu}{E} \left(\frac{\partial^2 \psi_1}{\partial y \partial z} + \frac{\partial^2 \psi_3}{\partial x \partial y} \right) + \frac{1-2\nu}{E} V + \alpha_T \, \Theta$$

$$\varepsilon_{zz} = \frac{1}{E} \frac{\partial^2 \psi_3}{\partial x \partial y} - \frac{\nu}{E} \left(\frac{\partial^2 \psi_1}{\partial y \partial z} + \frac{\partial^2 \psi_2}{\partial x \partial z} \right) + \frac{1-2\nu}{E} V + \alpha_T \, \Theta$$

$$\gamma_{yz} = \frac{1+v}{E}\left(\frac{\partial^2\psi_1}{\partial x^2} - \frac{\partial^2\psi_2}{\partial x\,\partial y} - \frac{\partial^2\psi_3}{\partial x\,\partial z}\right)$$

$$\gamma_{xz} = \frac{1+v}{E}\left(-\frac{\partial^2\psi_1}{\partial x\,\partial y} + \frac{\partial^2\psi_2}{\partial y^2} - \frac{\partial^2\psi_3}{\partial y\,\partial z}\right)$$

$$\gamma_{xy} = \frac{1+v}{E}\left(-\frac{\partial^2\psi_1}{\partial x\,\partial z} - \frac{\partial^2\psi_2}{\partial y\,\partial z} + \frac{\partial^2\psi_3}{\partial z^2}\right) \qquad (3.14)$$

berechnet werden.

In Äquivalenz zum vorherigen Abschnitt lassen sich die Verschiebungen $u(x, y, z)$, $v(x, y, z)$ und $w(x, y, z)$ mittels der Kinematik in Gl. 2.8 über Integration von ε_{ii} und γ_{ij} (mit $i \neq j$) finden.

3.1.5 Spannungsfunktionen nach Beltrami für 3D-Anwendungen

Im Jahre 1892 ging BELTRAMI auf den Artikel von MAXWELL und MORERA ein und zeigte, dass die MAXWELLschen und die MORERAschen Spannungsfunktionen mit den sechs Spannungsfunktionen φ_1, φ_2, φ_3, φ_4, φ_5 und φ_6 durch Addition zusammengefasst werden können in [4]

$$\sigma_{xx} = -\frac{\partial^2\varphi_2(x,y,z)}{\partial z^2} - \frac{\partial^2\varphi_3(x,y,z)}{\partial y^2} + \frac{\partial^2\varphi_6(x,y,z)}{\partial y\,\partial z}$$

$$\sigma_{yy} = -\frac{\partial^2\varphi_1(x,y,z)}{\partial z^2} - \frac{\partial^2\varphi_3(x,y,z)}{\partial x^2} + \frac{\partial^2\varphi_5(x,y,z)}{\partial x\,\partial z}$$

$$\sigma_{zz} = -\frac{\partial^2\varphi_1(x,y,z)}{\partial y^2} - \frac{\partial^2\varphi_2(x,y,z)}{\partial x^2} + \frac{\partial^2\varphi_4(x,y,z)}{\partial x\,\partial y}$$

$$\tau_{yz} = \frac{\partial^2\varphi_1(x,y,z)}{\partial y\,\partial z} + \frac{1}{2}\left(+\frac{\partial^2\varphi_6(x,y,z)}{\partial x^2} - \frac{\partial^2\varphi_5(x,y,z)}{\partial x\,\partial y} - \frac{\partial^2\varphi_4(x,y,z)}{\partial x\,\partial z}\right)$$

$$\tau_{xz} = \frac{\partial^2\varphi_2(x,y,z)}{\partial x\,\partial z} + \frac{1}{2}\left(-\frac{\partial^2\varphi_6(x,y,z)}{\partial x\,\partial y} + \frac{\partial^2\varphi_5(x,y,z)}{\partial y^2} - \frac{\partial^2\varphi_4(x,y,z)}{\partial y\,\partial z}\right)$$

$$\tau_{xy} = \frac{\partial^2\varphi_3(x,y,z)}{\partial x\,\partial y} + \frac{1}{2}\left(-\frac{\partial^2\varphi_6(x,y,z)}{\partial x\,\partial z} - \frac{\partial^2\varphi_5(x,y,z)}{\partial y\,\partial z} + \frac{\partial^2\varphi_4(x,y,z)}{\partial z^2}\right).$$

$$(3.15)$$

Diese Funktionen, im Folgenden BELTRAMIsche Spannungsfunktionen genannt, erfüllen das Gleichgewicht in Gl. 2.1. Die BELTRAMIschen Spannungsfunktionen werden heutzutage manchmal anders dargestellt, indem die MORERAschen Spannungsfunktionen mit dem Faktor 2 multipliziert werden, was jedoch der Funktionalität der Funktionen nichts abtut.

In Analogie zur Darstellung der Spannungen in tensorieller Form können auch die BELTRAMIschen Spannungsfunktionen Gl. 3.15 in Matrixform dargestellt werden

$$\boldsymbol{\varphi} = \begin{bmatrix} \varphi_1 & \varphi_6 & \varphi_5 \\ \varphi_6 & \varphi_2 & \varphi_4 \\ \varphi_5 & \varphi_4 & \varphi_3 \end{bmatrix}. \tag{3.16}$$

Für den Fall, dass $\varphi_4 = \varphi_5 = \varphi_6 = 0$ und $\varphi_1 = -\mathcal{F}_1$, $\varphi_2 = -\mathcal{F}_2$ und $\varphi_3 = -\mathcal{F}_3$ ist, gehen die Funktionen der Matrix in die MAXWELLschen Spannungsfunktionen über

$$\boldsymbol{\varphi} = \begin{bmatrix} \varphi_1 & 0 & 0 \\ 0 & \varphi_2 & 0 \\ 0 & 0 & \varphi_3 \end{bmatrix} \tag{3.17}$$

und für den Fall, dass $\varphi_1 = \varphi_2 = \varphi_3 = 0$ und $\varphi_4 = \psi_1$, $\varphi_5 = \psi_2$ und $\varphi_6 = \psi_3$ sind, gehen die Funktionen der Matrix Gl. 3.16 in die MORERAschen Spannungsfunktionen über

$$\boldsymbol{\varphi} = \begin{bmatrix} 0 & \varphi_6 & \varphi_5 \\ \varphi_6 & 0 & \varphi_4 \\ \varphi_5 & \varphi_4 & 0 \end{bmatrix}. \tag{3.18}$$

Da die BETRAMIschen Spannungsfunktionen (Gl. 3.15), wie auch die MAXWELLschen und MORERAschen Spannugsfunktionen, die Kompatibilitätsbedingungen erfüllen müssen, können die BELTRAMIschen Spannungsfunktionen in die Kompatibilitätsbedingungen (Gl. 2.17) eingesetzt werden. Die resultierenden Gleichungen werden hier nicht aufgeführt, da der Nutzen aus diesen Gleichungen marginal ist. Außerdem haben die Betramischen Spannungsfunktionen den Nachteil, dass sechs unbekannte Spannungsfunktionen vorliegen, was das Problem der Lösungsfindung in der Kontinuumsmechanik nicht vereinfacht.

3.1.6 Spannungsfunktionen nach Galerkin für 3D-Anwendungen

Im Jahre 1930 stellte GALERKIN drei harmonische Funktionen ϕ_1, ϕ_2 und ϕ_3 zur Spannungsberechnung vor [38]

$$\sigma_{xx} = \frac{\partial}{\partial x}\left(-\frac{\partial^2\phi_1}{\partial x^2} + (2-\nu)\nabla^2\phi_1\right) + \frac{\partial}{\partial y}\left(-\frac{\partial^2\phi_2}{\partial x^2} + \nu\nabla^2\phi_2\right)$$

$$+ \frac{\partial}{\partial z}\left(-\frac{\partial^2\phi_3}{\partial x^2} + \nu\nabla^2\phi_3\right) + \beta_{12}\,y + \beta_{13}\,z$$

$$\tau_{xy} = -\frac{\partial}{\partial y}\left(\frac{\partial^2\phi_1}{\partial x^2} - (1-\nu)\nabla^2\phi_1\right) - \frac{\partial}{\partial x}\left(-\frac{\partial^2\phi_2}{\partial y^2} - (1-\nu)\nabla^2\phi_2\right)$$

$$- \frac{\partial^3\phi_3}{\partial x\partial y\partial z} + \alpha_{31}\,x + \alpha_{32}\,y + \alpha_{33}\,z \qquad (3.19)$$

worin α_{ij} und β_{ij} ($i, j = 1, 2, 3$) willkürliche Konstanten sind. Die anderen Spannungen können durch Permutation ermittelt werden. Wegen der aufwendigen Funktionen ist die GALERKINsche Spannungsfunktionen weniger geeignet, um analytische Lösungen in der 3D-Kontinuumsmechanik zu finden.

3.1.7 Spannungsfunktionen nach Neuber-Papkovitch für 3D-Anwendungen

Im Jahr 1934 führte NEUBER neue Spannungsfunktionen ein, die auf den Ideen von MAXWELL und GALERKIN beruhen [43, 48]. Dabei wurde $\mathcal{F}_1$, $\mathcal{F}_2$, $\mathcal{F}_3$ zu $\mathcal{F}$ gesetzt und im Weiteren sind κ_1, κ_2 und κ_3 harmonische Funktionen, die von x, y und z abhängen

$$\sigma_{xx} = \frac{\partial^2\mathcal{F}}{\partial x^2} + \frac{\partial^2\mathcal{F}}{\partial y^2} - 2\,\frac{1-\nu}{\nu}\left(\frac{\partial\kappa_1}{\partial x} - \frac{\partial\kappa_2}{\partial y} - \frac{\partial\kappa_3}{\partial z}\right)$$

$$\tau_{xy} = -\frac{\partial^2\mathcal{F}}{\partial x\partial y} - 2\,\frac{1-\nu}{\nu}\left(\frac{\partial\kappa_1}{\partial y} + \frac{\partial\kappa_2}{\partial x}\right). \qquad (3.20)$$

Die Gleichungen der anderen Spannungskomponenten können mittels Permutation erzeugt werden. Die obigen Gleichungen werden mittels eines Verschiebungsansatzes gefunden. Neben NEUBER hat PAPKOVITCH im Jahr 1932 diese Formulierung unabhängig von NEUBER entwickelt [39], weswegen Gl. 3.20 auch als NEUBER-PAPKOVITCH-Gleichung bezeichnet wird. Die aus dem Gleichungssystem 3.20 entwickelten Spannungsgleichungen können weiter vereinfacht werden, was zu einer Reduktion der Unbekannten führt, siehe hierzu TIMOSHENKO [11, S. 235].

NEUBER verwendete die Gl. 3.20, um die Spannungen in einem Kegel zu bestimmen [43]. 1938 verwendete NEUBER den Ansatz wieder, um spezielle ebene Problemfälle zu behandeln und 1940 zeigte NEUBER weitere Resultate für Kerbspannungsprobleme [45, 47].

3.1.8 Spannungsfunktionen nach Bloch für 3D-Anwendungen

Ein weiterer Artikel zu Spannungsfunktionen wurde 1950 von BLOCH veröffentlicht, in welchem er darlegte, dass die Spannungsfunktionen auf lediglich fünf mögliche Formen zurückgeführt werden können [40]. Die MAXWELL (3.7) und MORERA (3.11) Spannungsfunktionen sind dabei die ersten möglichen Formen. Die dritte Form[1] ist

$$\sigma_{xx} = \frac{\partial^2 \varphi_2(x, y, z)}{\partial z^2}$$

$$\sigma_{yy} = \frac{\partial^2 \varphi_1(x, y, z)}{\partial z^2}$$

$$\sigma_{zz} = \frac{\partial^2 \varphi_2(x, y, z)}{\partial x^2} + \frac{\partial^2 \varphi_1(x, y, z)}{\partial y^2} - 2 \frac{\partial^2 \varphi_6(x, y, z)}{\partial x \, \partial y}$$

$$\tau_{xy} = - \frac{\partial^2 \varphi_3(x, y, z)}{\partial z^2}$$

$$\tau_{xz} = \frac{\partial^2 \varphi_3(x, y, z)}{\partial y \, \partial z} - \frac{\partial^2 \varphi_2(x, y, z)}{\partial x \, \partial z}$$

$$\tau_{yz} = \frac{\partial^2 \varphi_3(x, y, z)}{\partial x \, \partial z} - \frac{\partial^2 \varphi_1(x, y, z)}{\partial y \, \partial z} \tag{3.21}$$

die vierte Form ist

$$\sigma_{xx} = - 2 \frac{\partial^2 \varphi_4(x, y, z)}{\partial y \, \partial z}$$

$$\sigma_{yy} = \frac{\partial^2 \varphi_1(x, y, z)}{\partial z^2} - 2 \frac{\partial^2 \varphi_5(x, y, z)}{\partial x \, \partial z}$$

$$\sigma_{zz} = \frac{\partial^2 \varphi_1(x, y, z)}{\partial y^2}$$

$$\tau_{yz} = \frac{\partial^2 \varphi_5(x, y, z)}{\partial x \, \partial y} - \frac{\partial^2 \varphi_4(x, y, z)}{\partial x^2} - \frac{\partial^2 \varphi_1(x, y, z)}{\partial y \, \partial z}$$

$$\tau_{xz} = \frac{\partial^2 \varphi_4(x, y, z)}{\partial x \, \partial y} - \frac{\partial^2 \varphi_5(x, y, z)}{\partial y^2}$$

---

[1]In BLOCH's Original Veröffentlichung [40] ist im letzten Summand der Spannungskomponente σ_{zz} nicht richtig, da dieser das Gleichgewicht in (2.1) nicht erfüllt. Wenn die Ableitungen von von x und y auf y und z getauscht werden, wird das Gleichgewicht erfüllt. In Gl. 3.21 wurde dies berücksichtigt.

$$\tau_{xy} = \frac{\partial^2 \varphi_4(x, y, z)}{\partial x\, \partial z} + \frac{\partial^2 \varphi_5(x, y, z)}{\partial y\, \partial z} \tag{3.22}$$

und zuletzt die fünfte Form

$$\sigma_{xx} = \frac{\partial^2 \varphi_2(x, y, z)}{\partial z^2} - 2\frac{\partial^2 \varphi_4(x, y, z)}{\partial y\, \partial z}$$

$$\sigma_{yy} = \frac{\partial^2 \varphi_1(x, y, z)}{\partial z^2}$$

$$\sigma_{zz} = \frac{\partial^2 \varphi_2(x, y, z)}{\partial x^2} + \frac{\partial^2 \varphi_1(x, y, z)}{\partial y^2}$$

$$\tau_{yz} = -\frac{\partial^2 \varphi_4(x, y, z)}{\partial x^2} - \frac{\partial^2 \varphi_1(x, y, z)}{\partial y\, \partial z}$$

$$\tau_{xz} = \frac{\partial^2 \varphi_4(x, y, z)}{\partial x\, \partial y} - \frac{\partial^2 \varphi_2(x, y, z)}{\partial x\, \partial z}$$

$$\tau_{xy} = \frac{\partial^2 \varphi_4(x, y, z)}{\partial x\, \partial z}. \tag{3.23}$$

Die Gl. 3.21–3.23 erfüllen das Gleichgewicht in Gl. 2.1.

3.1.9 Abschließende Bemerkungen zu Spannungsfunktionen

Zur Berechnung von Spannungsverläufen führte AIRY für den 2D-Fall eine einzige Spannungsfunktion ein, um die Anzahl der Unbekannten zu reduzieren. Beispiele zur Anwendung der Spannungsfunktion können z. B. in RIEDEL [49], GÖLDNER [41], SADD [14], ESCHENAUER und SCHNELL [15], TIMOSHENKO und GOODIER [11] und PARKUS [19] gefunden werden.

Für den 3D-Fall wurde ebenfalls versucht, die Anzahl der Unbekannten zu reduzieren und zwar mittels der Spannungsfunktionen von MAXWELL in Gl. 3.7, MORERA in Gl. 3.11, GALERKIN in Gl. 3.19, NEUBER-PAPKOVITCH in Gl. 3.20 und BLOCH in den Gl. 3.21 bis 3.23. Trotz aller mathematischen Anstrengungen wurde noch keine einzelne Gleichung gefunden, welche die drei Gleichgewichtsbedingungen (Gl. 2.1) und die sechs Kompatibilitätsbedingungen (Gl. 2.11–2.16) erfüllt. Im Weiteren wurden noch keine Lösungen mittels der Spannungsfunktionen für den 3D-Fall gefunden.

Im Jahr 1948 behandelte WEBER Spannungsfunktionen erster und zweiter Ordnung, welche nichts anderes als die MAXWELLschen und MORERAschen Spannungsfunktionen sind [50].

SCHÄFER diskutierte im Jahr 1953 einen kovarianten Ansatz und dessen Verbindung zur allgemeinen Relativitätstheorie von Einstein, wobei er die Spannungsfunktionen physikalisch deutete [51]. SCHÄFER gab an, dass die Spannungsfunktionen
eine Reaktion auf die geometrische Verschiebung/Verzerrung sei, wobei die Norm
der EUKLIDischen Transformation erhalten bleibt [51]. Ebenso zeigte GÜNTHER,
dass die Spannungsfunktionen mit der Differenzialgeometrie und der allgemeinen
Relativitätstheorie verbunden sind [56]. Die Verbindung zur allgemeinen Relativitätstheorie wurde auch von TRUESDELL diskutiert [52].

Im Jahr 1954 und 1955 verfasste KRÖNER eine Abhandlung über dreidimensionale Spannungsfunktionen [53, 54]. Dabei transformierte er das gekoppelte partielle
Differenzialgleichungssystem (Gl. 2.1, 2.3, 2.8 und 2.9) in eine andere Form, in
der die Spannungen durch Ableitungen von harmonischen Funktionen dargestellt
werden.

MARGUERRE verglich im Jahre 1955 die Ansätze der Verschiebungs- und Spannungsfunktionen und zeigte, dass beide identisch sind, da beide die Gleichgewichtsbedingungen und die Kompatibilität erfüllen [55].

In der Folge wurden noch viele Veröffentlichungen zum Thema Spannungsfunktionen gemacht, die hier nicht weiter diskutiert werden. Dazu gehören unter anderem
die von FILONENKO-BORODICH [13], WEBER [50], TRUESDELL [52], GUNTHER [56],
GURTIN [57], GWYTHER [58], FINZI [59], RIEDER [61], BERTÓTI [62], KOLOSOV
[63], KRUTKOV [64], VLASOV [65], KALININ [66], BORODACHEV [67]. Die neuste
relevante Veröffentlichung ist, nach Meinung der Autoren, von OSTROSABLIN [60]
aus dem Jahre 1997.

Zusammenfassend kann gesagt werden, dass das dreidimensionale Spannungs-
problem eingehend untersucht wurde. Jedoch sind nur sehr wenige spezielle Lösungen für den 3D-Fall bekannt. Dies liegt daran, dass sich die Vorgehensweise nicht
vom 2D-Fall auf den 3D-Fall übertragen lässt, da im 2D-Fall nur eine Kompati-
bilitätsgleichung erfüllt werden muss und im 3D-Fall sechs. Für den 2D-Fall sind
hingegen bereits viele Lösungen bekannt, seitdem MICHELL [25] die biharmonische
Differenzialgleichung im Jahre 1899 entwickelte. Dabei werden schwierigere Problemfälle meist mit komplexen Zahlen untersucht, siehe z. B. MUSSCHELISCHWILI
[10] und STEVENSON [68].

Die Abb. 3.1 und 3.2 geben einen Überblick über die entwickelten Gleichungen
zur Findung von analytischen Lösungen in der Kontinuumstheorie.

Gleichung	Anzahl der Gleichungen	Anzahl der neuen Unbekannten
Gleichgewicht, Gl. 2.2	2	3
Materialgesetz, Gl. 2.3 oder 2.5	3	3
kinematische Beziehungen, Gl. 2.10	3	2
	Σ=8	Σ=8
Unbekannte: $\sigma_{xx}, \sigma_{yy}, \tau_{xy}, \varepsilon_{xx}, \varepsilon_{yy}, \gamma_{xy}, u, v$		
Airysche Spannungsfunktion, Gl. 3.1 oder 3.4 (drei zusätzliche Gleichungen mit einer weiteren Unbekannten) + Gleichgewicht, Gl. 2.2 + Materialgesetz Gl. 2.3 oder 2.5 + Kompatibilitätsbeziehung, Gl. 2.11 $\nabla^4 \mathcal{F} = 0$	1	1
Unbekannte: $\mathcal{F}$		

Abb. 3.1 Überblick der Funktionen im 2D-Raum zum Auffinden von analytischen Lösungen

3.2 Verschiebungsfunktionen

Verschiebungsansätze sind seit dem Jahr 1877 Standard. Damals wählte RAYLEIGH [7] einen harmonischen Verschiebungsansatz, um Schwingungen zu beschreiben. RITZ griff diese Idee im Jahre 1909 auf, um mittels Potenzansätzen die Verschiebungen in Platten zu approximieren [6]. PAPKOVITCH [46] gab im Jahre 1932 einen Verschiebungsansatz für das LAMÉ-NAVIER-Gleichungssystem an, wobei NEUBER [43] diesem Vorgehen in 1934 folgte, siehe auch [11, 15, 16]. Diese Verschiebungsansätze bestehen aus einer Kombination der Gleichgewichts- und der Kompatibilitätsbeziehungen. Die Verschiebungsfunktionen von PAPKOVITCH sind

$$u = \hat{\phi}_1 - \frac{1}{4(1-\nu)} \frac{\partial}{\partial x} \left(\hat{\phi}_0 + x\hat{\phi}_1 + y\hat{\phi}_2 + z\hat{\phi}_3 \right)$$

$$v = \hat{\phi}_2 - \frac{1}{4(1-\nu)} \frac{\partial}{\partial y} \left(\hat{\phi}_0 + x\hat{\phi}_1 + y\hat{\phi}_2 + z\hat{\phi}_3 \right)$$

$$w = \hat{\phi}_3 - \frac{1}{4(1-\nu)} \frac{\partial}{\partial z} \left(\hat{\phi}_0 + x\hat{\phi}_1 + y\hat{\phi}_2 + z\hat{\phi}_3 \right) \tag{3.24}$$

worin $\hat{\phi}_i(x, y, z)$ $(i = 0, 1, 2, 3)$ harmonische Funktionen sind [11]. Dieser Ansatz ist den Spannungsfunktionen ähnlich, da die Verschiebungen durch Ableitungen

Gleichung	Anzahl der Gleichungen	Anzahl der neuen Unbekannten
Gleichgewicht, Gl. 2.1	3	6
Materialgesetz, Gl. 2.3 oder 2.5	6	6
kinematische Beziehungen, Gl. 2.8 und 2.9	6	3
	Σ=15	Σ=15

Unbekannte: $\sigma_{xx}, \sigma_{yy}, \sigma_{zz}, \tau_{yz}, \tau_{xz}, \tau_{xy},$
$\quad\quad\quad\varepsilon_{xx}, \varepsilon_{yy}, \varepsilon_{zz}, \gamma_{yz}, \gamma_{xz}, \gamma_{xy}, u, v, w$

➤ Maxwellsche Spannungsfunktionen: Gl. 3.7
sechs weitere Gleichungen mit drei weiteren Unbekannten
Funktionen $\mathcal{F}_1, \mathcal{F}_2, \mathcal{F}_3$

➤ Morera Spannungsfunktionen: Gl. 3.11
sechs weitere Gleichungen mit drei weiteren Unbekannten
Funktionen ψ_1, ψ_2, ψ_3

➤ Beltrami Spannungsfunktionen: Gl. 3.15
sechs weitere Gleichungen mit sechs weiteren Unbekannten
Funktionen $\varphi_1, \ldots, \varphi_6$

➤ Galerkin Spannungsfunktionen: Gl. 3.19
sechs weitere Gleichungen mit drei weiteren Unbekannten
ϕ_1, ϕ_2, ϕ_3 and 15 Konstanten $\beta_{12}, \beta_{13}, \beta_{21}, \beta_{23}, \beta_{31}, \beta_{32}$ und
$\alpha_{11}, \alpha_{12}, \alpha_{13}, \alpha_{21}, \alpha_{22}, \alpha_{23}, \alpha_{31}, \alpha_{32}, \alpha_{33}$

➤ Neuber-Papkovitch Spannungsfunktionen: Gl. 3.20
drei weitere Gleichungen mit einer weiteren Unbekannten
Funktion $\mathcal{F}$ and drei harmonischen Funktionen $\kappa_1, \kappa_2, \kappa_3$.
wobei eine Unbekannte durch die anderen beiden
ersetzt werden kann.

➤ Bloch Spannungsfunktionen: Gl. 3.21, 3.22 und 3.23
dritte Form: sechs zusätzliche Gleichungen mit vier weiteren Unbekannten
Funktionen: $\varphi_1, \varphi_2, \varphi_3, \varphi_6$
vierte Form: sechs zusätzliche Gleichungen mit drei weiteren Unbekannten
Funktionen: $\varphi_1, \varphi_4, \varphi_5$
fünfte Form: sechs zusätzliche Gleichungen mit drei weiteren Unbekannten
Funktionen: $\varphi_1, \varphi_2, \varphi_4$

Abb. 3.2 Überblick einiger Spannungsfunktionen im 3D-Raum zwecks Findung von analytischen Lösungen. Trotz aller Anstrengungen wurde bisher noch keine einzelne Differenzialgleichung wie im 2D-Fall gefunden, die alle aufgeführten Gleichungen erfüllt

von vier harmonischen Funktionen ausgedrückt werden. TIMOSHENKO zeigte im Jahre 1952, dass drei harmonische Funktionen ausreichen, um eine Allgemeinheit zu gewährleisten [11, S. 235].

Im Jahre 1970 veröffentlichte PAGANO einen Artikel, in welchem er einen neuen Verschiebungsansatz für u, v und w zur Bestimmung von 3D-Spannungen in flachen Laminatschichtungen mit orthogonalen Materialeigenschaften (Gl. 2.7) einführte [8, 9]. Das dazugehörige LAMÉ-NAVIER Differenzialgleichungssystem lautet für linear elastisches Material

$$C_{11}\frac{\partial u}{\partial x^2} + C_{66}\frac{\partial u}{\partial y^2} + C_{55}\frac{\partial u}{\partial z^2} + (C_{12}+C_{66})\frac{\partial v}{\partial x\,\partial y} + (C_{13}+C_{55})\frac{\partial w}{\partial x\,\partial z} = 0$$

$$(C_{12}+C_{66})\frac{\partial u}{\partial x\,\partial y} + C_{66}\frac{\partial v}{\partial x^2} + C_{22}\frac{\partial v}{\partial y^2} + C_{44}\frac{\partial v}{\partial z^2} + (C_{23}+C_{44})\frac{\partial w}{\partial y\,\partial z} = 0$$

$$(C_{13}+C_{55})\frac{\partial u}{\partial x\,\partial z} + (C_{23}+C_{44})\frac{\partial v}{\partial y\,\partial z} + C_{55}\frac{\partial w}{\partial x^2} + C_{44}\frac{\partial w}{\partial y^2} + C_{33}\frac{\partial w}{\partial z^2} = 0.$$

$$(3.25)$$

Darin sind die Unbekannten die Verschiebungen $u(x, y, z)$, $v(x, y, z)$ und $w(x, y, z)$. Der von Pagano angegebene Ansatz im 3D-Raum lautet für jede Schicht in einem Schichtverbund

$$u = U^* \exp(sz) \cos(p\,x) \sin(q\,y)$$
$$v = V^* \exp(sz) \sin(p\,x) \cos(q\,y) \qquad (3.26)$$
$$w = W^* \exp(sz) \sin(p\,x) \sin(q\,y)$$
$$\text{mit} \quad p = \frac{n\,\pi}{a}, \quad q = \frac{m\,\pi}{b} \quad \text{und } n, m = 1, 2, 3, \ldots \qquad (3.27)$$

worin a und b die Länge und Breite einer Platte und U^*, V^* und W^* die unbekannten Konstanten sind, die mit den Rand- und Übergangsbedingungen für den Schub zwischen den Einzelschichten (manchmal auch Kompatibilitätsbedingungen genannt) bestimmt werden. Nach Einsetzen der Ansätze (Gl. 3.26) in Gl. 3.25 erhält man ein gekoppeltes lineares Differenzialgleichungssystem

$$\begin{bmatrix} A_{11} & A_{12} & A_{13} \\ A_{21} & A_{22} & A_{23} \\ A_{31} & A_{32} & A_{33} \end{bmatrix} \cdot \begin{bmatrix} U^* \\ V^* \\ W^* \end{bmatrix} = \begin{bmatrix} 0 \\ 0 \\ 0 \end{bmatrix} \qquad (3.28)$$

mit

$$A_{11} = C_{11}\,p^2 + C_{66}\,q^2 - C_{55}s^2$$
$$A_{12} = A_{21} = (C_{12}+C_{66})\,pq$$
$$A_{13} = -A_{31} = -(C_{13}+C_{55})\,ps$$

$$A_{22} = C_{66}\,p^2 + C_{22}\,q^2 - C_{44}\,s^2$$
$$A_{23} = -A_{32} = -(C_{23} + C_{44})\,qs$$
$$A_{33} = C_{55}p^2 + C_{44}q^2 - C_{33}\,s^2,$$

aus welchem die Eigenwerte s bestimmt werden können. Die nicht-triviale Lösung existiert nur, wenn die Determinate des Koeffizientenmatrix Null ist, was zu

$$-As^6 + Bs^4 + Cs^2 + D = 0 \qquad (3.29)$$

führt, worin A, B, C und D Funktionen der Steifigkeitsparameter C_{11}, C_{12}, C_{13}, C_{22}, C_{23}, C_{33}, C_{44}, C_{55}, C_{66} und der Geometrieparameter p und q sind [8]. Gl. 3.29 kann gelöst werden, was zu sechs Eigenwerten mit den dazugehörigen Eigenvektoren führt. Die Lösung der Eigenwerte wird über das Signum der Koeffizientendiskriminate von Gl. 3.29 kontrolliert. PAGANO fand nach einer Parameterstudie heraus, dass das Vorzeichen der Koeffizientendeterminate negativ ist, woraus er schloss, dass es kein Material gibt, welches eine positive Diskriminante hervorbringt. Wir wissen heute, dass derartige Materialien dennoch existieren können. Die daraus resultierenden mathematischen Schwierigkeiten sind im Jahre 2009 von KARDO-MATES [69] gelöst worden. Abschließend sei erwähnt, dass bei einem homogenen Material die Diskriminante Null ist, was infolge der Wurzel zu drei identischen Paaren von Eigenwerten führt. Auf das dazugehörige Lösungsverfahren wird im Abschn. 4.4 eingegangen.

In der Lösung von PAGANO wurden thermische Eigenspannungen vernachlässigt, weswegen das Differenzialgleichungssystem homogen war. Im Jahre 1994 gaben TUNIGKAR und RAO [70] Lösungen für das LAMÉ-NAVIER-Differenzialgleichungssystem mit Temperaturlast an.

3.3 Dehnungsfunktionen

Nachdem Lösungsansätze mittels Spannungs- und Verschiebungsfunktionen angegeben wurden, ist es naheliegend, auch Ansätze für die Dehnungen zu machen. Dieser Schritt wurde bereits von BELTRAMI 1886 diskutiert [5]. Dabei sind die Dehnungsfunktionen prinzipiell vergleichbar mit den Spannungsfunktionen, jedoch ist es schwieriger als bei den Spannungsfunktionen, einen geeigneten Satz an Dehnungsfunktionen zu finden, da alle sechs Kompatibilitätsbedingungen (Gl. 2.11 bis 2.16) erfüllt werden müssen. Im Weiteren müssen die Dehnungsfunktionen die Randbedingungen erfüllen.

Analytische Lösungen im 3D-Raum

4

Nachdem alle notwendigen Grundlagen der linearen Elastizitätstheorie in Kap. 3 dargelegt wurden, werden diese für die räumliche Kontinuumsmechanik zur Anwendung gebracht, um einige analytische Lösungen zu entwickeln. Der Fokus liegt auf den MAXWELLschen Formulierungen (Gl. 3.7) und wird in einigen Fällen auf die MORERAschen Spannungsfunktionen (Gl. 3.11) ergänzt. Im Weiteren wird eine analytische Lösung mittels des Verfahrens von PAGANO für einen homogenen Werkstoff mit isotropen Materialeigenschaften ausgearbeitet.

4.1 Allgemeines Vorgehen zum Auffinden von Spannungsfunktionen

Im Allgemeinen können Spannungsfunktionen über zwei Möglichkeiten bestimmt werden. Zum Einen kann eine Spannungsfunktion mit etwas Fingerspitzengefühl angenommen und dann auf ihre Tauglichkeit geprüft werden. Zum Anderen kann ein allgemeiner Polynomansatz der Form

$$\mathcal{F} = \sum_{n=-N_{-x}}^{N_{+x}} \sum_{k=-N_{-y}}^{N_{+y}} \sum_{l=-N_{-z}}^{N_{+z}} C_{nkl} \, x^n y^k z^l \tag{4.1}$$

gemacht werden, in welchem N_{+x}, N_{-x}, N_{+y}, N_{-y}, N_{+z}, und N_{-z} willkürliche positive und negative Zahlen sind und C_{nkl} konstante Koeffizienten, welche über die Randbedingungen bestimmt werden. Dabei sollte beachtet werden, dass der Ansatz in Gl. 4.1, je nachdem wie komplex die Problemstellung mit den Randbedingungen ist, eventuell erweitert werden muss, siehe hierzu SADD [14] für den 2D-Fall. Bei der Bestimmung der Spannungsfunktionen muss darauf geachtet werden, dass das Gleichgewicht in Gl. 2.1 erfüllt wird, wobei Terme mit $n + k < 3$,

© Springer Fachmedien Wiesbaden GmbH 2017
M. Hahn und R.D. Jarzabek, *3D-Spannungsanalyse von linear elastisch homogenen Körpern*, essentials, DOI 10.1007/978-3-658-17274-9_4

$n + l < 3$ und $k + l < 3$ automatisch das Gleichgewicht erfüllen. Außerdem können die Kompatibilitätsgleichungen (Gl. 3.9 oder 3.12) zur Bestimmung der Konstanten verwendet werden. Neben dem Polynomansatz aus Gl. 4.1 können, wie im 2D-Fall, auch harmonische Funktionen, Exponentialfunktionen oder hyperbolische Funktionen verwendet werden.

4.2 Verwendung einer einzelnen Spannungsfunktion für 3D-Anwendungen

Seit Einführung der Spannungsfunktion von AIRY wurden diese überwiegend zur Lösungsfindung von 2D-Problemen der Kontinuumsmechanik verwendet. Unter Verwendung von *einer* anstatt von *drei* MAXWELLschen Spannungsfunktionen können einfache Probleme der 3D-Kontinuumsmechanik gelöst werden, indem $\mathcal{F}_1 = \mathcal{F}_2 = \mathcal{F}_3 = \mathcal{F}$ in Gl. 3.7 verwendet wird. Analog dazu kann auch eine *einzige* Spannungsfunktion in der Formulierung von MORERA verwendet werden ($\psi_1 = \psi_2 = \psi_3 = \psi$). Beides wird hier aufgezeigt.

Für den Fall, dass eine Spannungsfunktion in der Formulierung von MAXWELL verwendet wird, werden die BELTRAMI-MICHELL-GLEICHUNGEN (3.9), in welche die MAXWELL-Beziehungen Gl. 3.7 eingesetzt wurden, zu

$$\nabla^2 \sigma_{xx} + \frac{1}{1+\nu} \frac{\partial \Omega}{\partial x^2} = \frac{2}{1+\nu} \frac{\partial^2}{\partial x^2} \nabla^2 \mathcal{F} + \frac{\partial^2}{\partial y^2} \nabla^2 \mathcal{F} + \frac{\partial^2}{\partial z^2} \nabla^2 \mathcal{F} = 0$$

$$\nabla^2 \sigma_{yy} + \frac{1}{1+\nu} \frac{\partial \Omega}{\partial y^2} = \frac{\partial^2}{\partial x^2} \nabla^2 \mathcal{F} + \frac{2}{1+\nu} \frac{\partial^2}{\partial y^2} \nabla^2 \mathcal{F} + \frac{\partial^2}{\partial z^2} \nabla^2 \mathcal{F} = 0$$

$$\nabla^2 \sigma_{zz} + \frac{1}{1+\nu} \frac{\partial \Omega}{\partial z^2} = \frac{\partial^2}{\partial x^2} \nabla^2 \mathcal{F} + \frac{\partial^2}{\partial y^2} \nabla^2 \mathcal{F} + \frac{2}{1+\nu} \frac{\partial^2}{\partial z^2} \nabla^2 \mathcal{F} = 0$$

$$\nabla^2 \tau_{yz} + \frac{1}{1+\nu} \frac{\partial \Omega}{\partial y \partial z} = \frac{1-\nu}{1+\nu} \frac{\partial^2}{\partial y \partial z} \nabla^2 \mathcal{F} = 0 \qquad (4.2)$$

$$\nabla^2 \tau_{xz} + \frac{1}{1+\nu} \frac{\partial \Omega}{\partial x \partial z} = \frac{1-\nu}{1+\nu} \frac{\partial^2}{\partial x \partial z} \nabla^2 \mathcal{F} = 0$$

$$\nabla^2 \tau_{xy} + \frac{1}{1+\nu} \frac{\partial \Omega}{\partial x \partial y} = \frac{1-\nu}{1+\nu} \frac{\partial^2}{\partial x \partial z} \nabla^2 \mathcal{F} = 0.$$

Diese sechs Gleichungen können für den Fall, dass nur eine Spannungsfunktion vorliegt, mittels einer einzigen Bedingung ausgedrückt werden

$$\nabla^2 \mathcal{F} = \frac{\partial^2 \mathcal{F}}{\partial x^2} + \frac{\partial^2 \mathcal{F}}{\partial y^2} + \frac{\partial \mathcal{F}}{\partial z^2} = \text{konstant.} \qquad (4.3)$$

Obige Gleichung kann mittels den folgenden Ansätzen erfüllt werden:

1. Ein möglicher Ansatz für $\mathcal{F}$ ist in Anlehnung an den Ansatz von PAGANO in Gl. 3.26. Mittels des Produktansatzes werden die Variablen der Gl. 4.3 entkoppelt

$$\mathcal{F} = A(z) \sin(px) \sin(qy) \qquad (4.4)$$

worin $A(z)$ eine Funktion ist, welche den Eigenwert und die Randbedingungen beinhaltet und p und q sind durch Gl. 3.27 definiert. Siehe hierzu Abschn. 4.2.3.
2. Ein anderer möglicher Ansatz ist ein vollständiger Polynomansatz. Ein vollständiger Polynomansatz zweiter Ordnung ist z. B.

$$\mathcal{F} = a_0 + a_1 x + a_2 y + a_3 z + a_4 yz + a_5 xz + a_6 xy + a_7 x^2 + a_8 y^2 + a_9 z^2 \qquad (4.5)$$

wobei a_i, $i = 1, 2 \ldots, 9$ die aus den Randbedingungen zu bestimmenden Konstanten sind.

4.2.1 Quader unter dreiachsiger Normalspannung

Das erste einfache Beispiel ist ein Quader mit orthogonalen Kanten. Die Lasten σ_a, σ_b und σ_c wirken senkrecht zu den Flächen des Quaders, siehe Abb. 4.1.
   Zunächst werden die Randbedingungen festgelegt. In dem vorliegenden Fall, dargestellt in Abb. 4.1, liegen NEUMANN-(oder natürliche) Randbedingungen vor.

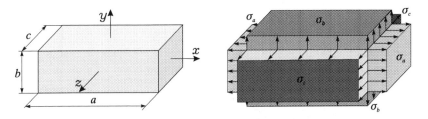

Abb. 4.1 Zugprobe mit den anliegenden Spannungen σ_a, σ_b und σ_c in x, y und in z-Richtung mit den dazu korrespondierenden Längenabmessungen a, b und c.

$$\sigma_{xx}(x = \pm\frac{a}{2}, y, z) = \sigma_a$$

$$\sigma_{yy}(x, y = \pm\frac{b}{2}, z) = \sigma_b$$

$$\sigma_{zz}(x, y, z = \pm\frac{c}{2}) = \sigma_c$$

$$\tau_{yz}(x, y = \pm\frac{b}{2}, z) = \tau_{yz}(x, y, z = \pm\frac{c}{2}) = 0 \qquad (4.6)$$

$$\tau_{xz}(x = \pm\frac{a}{2}, y, z) = \tau_{xz}(x, y, z = \pm\frac{c}{2}) = 0$$

$$\tau_{xy}(x = \pm\frac{a}{2}, y, z) = \tau_{xy}(x, y = \pm\frac{b}{2}, z) = 0.$$

Lösung mittels Maxwellscher Spannungsfunktionen

Mit den Randbedingungen in Gl. 4.6, dem Ansatz in Gl. 4.5 und den MAXWELLschen Spannungsfunktionen in Gl. 3.7 erhält man sechs Gleichungen für die sechs Unbekannten a_i mit $i = 4, \ldots, 10$

$$\sigma_{xx} = \frac{\partial^2 \mathcal{F}}{\partial y^2} + \frac{\partial^2 \mathcal{F}}{\partial z^2} = 2a_9 + 2a_{10} = \sigma_a$$

$$\sigma_{yy} = \frac{\partial^2 \mathcal{F}}{\partial x^2} + \frac{\partial^2 \mathcal{F}}{\partial z^2} = 2a_8 + 2a_{10} = \sigma_b$$

$$\sigma_{zz} = \frac{\partial^2 \mathcal{F}}{\partial x^2} + \frac{\partial^2 \mathcal{F}}{\partial y^2} = 2a_8 + 2a_9 = \sigma_c$$

$$\tau_{yz} = -\frac{\partial^2 \mathcal{F}}{\partial y \, \partial z} = -a_4 - a_7 \, x = 0 \qquad (4.7)$$

$$\tau_{xz} = -\frac{\partial^2 \mathcal{F}}{\partial x \, \partial z} = -a_5 - a_7 \, y = 0$$

$$\tau_{xy} = -\frac{\partial^2 \mathcal{F}}{\partial x \, \partial y} = -a_6 - a_7 \, z = 0.$$

Da die Spannungen σ_a, σ_b, σ_c, τ_{yz}, τ_{xz} und τ_{xy} in Gl. 4.6 im Hauptachsensystem x-, y- und z konstant sind, muss zunächst $a_7 = 0$ sein. Im Weiteren ergeben sich dann die Konstanten a_4, a_5 und a_6 zu Null. Die ersten drei Gleichungen ergeben ein lineares Gleichungssystem für a_8, a_9 und a_{10}, das gelöst werden kann. Nach Einsetzen der Lösung in Gl. 4.5 erhält man für $\mathcal{F}$

$$\mathcal{F} = \frac{1}{4}\left[(-\sigma_a + \sigma_b + \sigma_c)x^2 + (\sigma_a - \sigma_b + \sigma_c)y^2 + (\sigma_a + \sigma_b - \sigma_c)z^2\right]. \qquad (4.8)$$

Diese Gleichung erfüllt die Randbedingungen in Gl. 4.6 und ebenso die Kompatibilitätsbedingung Gl. 2.17 in oder Gl. 3.9.
Die Dehnungen können mittels Gl. 3.10 zu

$$
\begin{bmatrix} \varepsilon_{xx} \\ \varepsilon_{yy} \\ \varepsilon_{zz} \\ \gamma_{yz} \\ \gamma_{xz} \\ \gamma_{xy} \end{bmatrix} = \begin{bmatrix} \dfrac{\sigma_a - \nu\,\sigma_b - \nu\,\sigma_c}{E} \\ \dfrac{-\nu\,\sigma_a + \sigma_b - \nu\,\sigma_c}{E} \\ \dfrac{-\nu\,\sigma_a - \nu\,\sigma_b + \sigma_c}{E} \\ 0 \\ 0 \\ 0 \end{bmatrix} \tag{4.9}
$$

bestimmt werden, welche exakt sind.

Mithilfe der Gl. 2.8 können die Verschiebungen mittels Integration bestimmt werden.

Im Falle einer einzigen konstanten axialen Last in x-Richtung, deren Größe σ_a beträgt, ergibt sich die modifizierte MAXWELLsche Spannungsfunktion aus Gl. 4.8 zu

$$
\mathcal{F} = \frac{1}{4}\sigma_a\left(-x^2 + y^2 + z^2\right). \tag{4.10}
$$

Lösung mittels Moreraschen Spannungsfunktionen

Das obige Randwertproblem kann auch mit den MORERAschen Spannungsfunktionen in Gl. 3.11 gelöst werden. Die Spannungsfunktion ergibt sich für den in Abb. 4.1 dargestellten Lastfall zu

$$
\psi = \frac{1}{2}\,\sigma_a\left(y^2 + 2yz + z^2\right) + \frac{1}{2}\,\sigma_b\left(x^2 + 2xz + z^2\right) + \frac{1}{2}\,\sigma_c\left(x^2 + 2xy + y^2\right). \tag{4.11}
$$

Die daraus resultierenden Dehnungen können mittels den Gl. 3.14 gefunden werden, wobei das Ergebnis dasselbe ist wie aus den MAXWELLschen Gleichung, gegeben in Gl. 4.9.

Im Falle einer einzigen Last in x-Richtung mit σ_a erhält man für die modifizierte MORERAsche Spannungsfunktion aus Gl. 4.11 die Gleichung

$$
\psi = \frac{1}{2}\sigma_a\left(y^2 + 2yz + z^2\right). \tag{4.12}
$$

Vergleich der Lösungen von Maxwell und Morera

Nach Vergleich der Spannungsfunktionen in Gl. 4.8 und 4.11 erkennt man, dass die MORERAschen Spannungsfunktionen gemischte Terme (Terme mit xy, xz und yz) beinhalten. Auf der anderen Seite beinhalten die MAXWELLschen Spannungsfunktionen einen quadratischen Term mit x^2 für die Spannung in x-Richtung, einen entsprechenden Term für die Spannung in y- und z-Richtung. Welche der beiden Formulierungen günstiger ist, bleibt offen.

4.2.2 Mit Schub belasteter Quader

Ein anderes Beispiel ist ein Quader, der mit drei Schubspannungen belastet wird, siehe Abb. 4.2. Die NEUMANN-Randbedingungen sind für diesen Fall

$$\sigma_{xx}\left(x = \pm\frac{a}{2}, y, z\right) = 0$$

$$\sigma_{yy}\left(x, y = \pm\frac{b}{2}, z\right) = 0$$

$$\sigma_{zz}\left(x, y, z = \pm\frac{c}{2}\right) = 0$$

$$\tau_{yz}\left(x, y = \pm\frac{b}{2}, z\right) = \tau_{yz}\left(x, y, z = \pm\frac{c}{2}\right) = \tau_{bc} \qquad (4.13)$$

$$\tau_{xz}\left(x = \pm\frac{a}{2}, y, z\right) = \tau_{xz}\left(x, y, z = \pm\frac{c}{2}\right) = \tau_{ac}$$

$$\tau_{xy}\left(x = \pm\frac{a}{2}, y, z\right) = \tau_{xy}\left(x, y = \pm\frac{b}{2}, z\right) = \tau_{ab}.$$

Abb. 4.2 Quader mit den Schubspannungen τ_{ab}, τ_{ac} und τ_{bc} an den entsprechenden Oberflächen mit den Abmessungen a, b und c in x-, y- und z-Richtung.

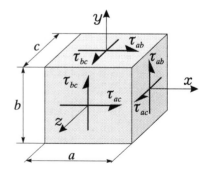

Lösung mittels Maxwellscher Spannungsfunktionen
Gemäß der Randbedingungen in Gl. 4.13 folgen mittels des Ansatzes für $\mathcal{F}$ in Gl. 4.5 und den MAXWELLschen Spannungsfunktionen in Gl. 3.7 die sechs Gleichungen

$$
\begin{aligned}
\sigma_{xx} &= \frac{\partial^2 \mathcal{F}}{\partial y^2} + \frac{\partial^2 \mathcal{F}}{\partial z^2} = a_9 + a_{10} = 0 \\[2mm]
\sigma_{yy} &= \frac{\partial^2 \mathcal{F}}{\partial x^2} + \frac{\partial^2 \mathcal{F}}{\partial z^2} = a_8 + a_{10} = 0 \\[2mm]
\sigma_{zz} &= \frac{\partial^2 \mathcal{F}}{\partial x^2} + \frac{\partial^2 \mathcal{F}}{\partial y^2} = a_8 + a_9 = 0 \\[2mm]
\tau_{yz} &= -\frac{\partial^2 \mathcal{F}}{\partial y\,\partial z} = -a_7 x - a_4 = \tau_{bc} \\[2mm]
\tau_{xz} &= -\frac{\partial^2 \mathcal{F}}{\partial x\,\partial z} = -a_7 y - a_5 = \tau_{ac} \\[2mm]
\tau_{xy} &= -\frac{\partial^2 \mathcal{F}}{\partial x\,\partial y} = -a_7 z - a_6 = \tau_{ab}.
\end{aligned}
\tag{4.14}
$$

Aus den ersten drei Gleichungen folgt, dass die Konstanten a_8, a_9 und a_{10} Null sein müssen. Aus den verbleibenden drei Gleichungen ergibt sich für die Konstante a_7 ebenfalls Null, da der Schub im Quader konstant sein muss. Deswegen erhält man für $a_4 = -\tau_{bc}$, $a_5 = -\tau_{ac}$ und $a_6 = -\tau_{ab}$. Somit lautet die Spannungsfunktion

$$
\mathcal{F} = -\tau_{ab}\, xy - \tau_{ac}\, xz - \tau_{bc}\, yz.
\tag{4.15}
$$

Mit dieser Gleichung werden die Randbedingungen in Gl. 4.13 und ebenso die Kompatibilitätsbedingungen in Gl. 2.17 und 3.9 erfüllt.

Unter Anwendung der Gl. 2.4 und 3.10 können die Dehnungen zu

$$
\begin{bmatrix} \varepsilon_{xx} \\ \varepsilon_{yy} \\ \varepsilon_{zz} \\ \gamma_{yz} \\ \gamma_{xz} \\ \gamma_{xy} \end{bmatrix}
=
\begin{bmatrix}
0 \\
0 \\
0 \\
-\dfrac{2(1+\nu)}{E}\,(-\tau_{bc}) \\
-\dfrac{2(1+\nu)}{E}\,(-\tau_{ac}) \\
-\dfrac{2(1+\nu)}{E}\,(-\tau_{ab})
\end{bmatrix}
=
\begin{bmatrix}
0 \\
0 \\
0 \\
\dfrac{\tau_{ac}}{G} \\
\dfrac{\tau_{bc}}{G} \\
\dfrac{\tau_{ab}}{G}
\end{bmatrix}
\tag{4.16}
$$

exakt bestimmt werden.

Lösung mittels Morerascher Spannungsfunktionen

Man erhält das gleiche Ergebnis wie bei der MAXWELLschen Spannungsfunktion, indem man die Formulierung von MORERA in Gl. 3.11 zur Anwendung bringt, wobei die Morerasche Spannungsfunktion für das obige mechanische Problem nun

$$\psi = \tau_{ab}\, z^2 + \tau_{ac}\, y^2 + \tau_{bc}\, x^2 \tag{4.17}$$

lautet. Im Gegensatz zu der MAXWELLschen Spannungsfunktion in Gl. 4.15 beinhaltet diese Spannungsfunktion von MORERA keine gemischten Terme mit xy, xz und yz.

4.2.3 Analytische Lösung einer bisinusförmig belasteten Platte mittels einer Spannungsfunktion

Da jede Last mittels FOURIER-Reihen dargestellt werden kann, welche aus Sinus- und Kosinustermen besteht, wird für das gegebene Koordinatensystem als Last das erste Glied einer FOURIER-Reihen mit einem Sinusterm gewählt, siehe Abb. 4.3. Da die Last in x- und y-Richtung sinusförmig ist, spricht man von einer bisinusförmigen Last, welche in z-Richtung wirkt und an der Oberfläche bei $z = +\frac{h}{2}$ angreift. Die Lastfunktion lautet

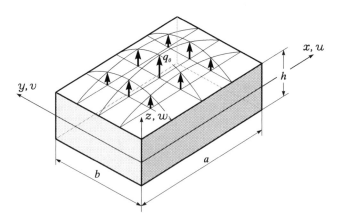

Abb. 4.3 Dicke Platte mit einer bisinusförmigen Last, welche bei $z = +\frac{h}{2}$ angreift. a, b und h sind die Länge, die Breite und die Dicke und q_0 ist die Amplitude der Last. Die Verschiebungen in x-, y- und z-Richtung werden mit u, v und w bezeichnet.

$$q_z(x, y, z = \frac{h}{2}) = q_0 \sin(px) \sin(qy). \tag{4.18}$$

Darin ist q und p durch Gl. 3.27 definiert, wobei $m = n = 1$, und q_0 die Amplitude der Last mit der Dimension $\frac{N}{mm^2}$ ist, siehe Abb. 4.3.
In Anlehnung an Gl. 4.4 ist die Spannungsfunktion dieses Beispiels

$$\mathcal{F} = A(z) \sin(px) \sin(qy). \tag{4.19}$$

Nachdem die Spannungsfunktion Gl. 4.19 in die partielle Differentialgleichung Gl. 4.3 eingesetzt wurde, ergibt sich

$$\left((-p^2 - q^2)A(z) + \frac{\partial^2 A(z)}{\partial z^2}\right) \sin(px) \sin(qy) = 0$$

$$\left(-\bar{s}^2 A(z) + \frac{\partial^2 A(z)}{\partial z^2}\right) \sin(px) \sin(qy) = 0 \quad \text{mit } \bar{s}^2 = p^2 + q^2. \tag{4.20}$$

Da die harmonische Funktion Gl. 4.19 nur an den Rändern Null ist, muss der Klammerausdruck Null sein, damit diese Gleichung für das gesamte Gebiet erfüllt wird. Da in z-Richtung eine gewöhnliche Differenzialgleichung zweiter Ordnung vorliegt, kann diese mit dem Ansatz

$$A(z) = a_0 \exp(\bar{s}z) + b_0 \exp(-\bar{s}z) \tag{4.21}$$

gelöst werden. Die Spannungsfunktion lautet nach Einsetzen dieser Lösung in Gl. 4.19

$$\mathcal{F} = [a_0 \exp(\bar{s}z) + b_0 \exp(-\bar{s}z)] \sin(p\,x) \sin(q\,y). \tag{4.22}$$

Die beiden Konstanten a_0 und b_0 in der Spannungsfunktion müssen über die beiden natürlichen Spannungsrandbedingungen (oder NEUMANN-Randbedingungen)

$$\sigma_{zz}(z = h/2) = q_z(x, y) = q_0 \sin(px) \sin(qy)$$

$$\sigma_{zz}(z = -h/2) = 0 \tag{4.23}$$

bestimmt werden. Diese Randbedingungen führen zusammen mit der Spannungsfunktion in Gl. 4.22 und der Definition der Maxwellschen Spannungsfunktion in Gl. 3.7 mit $\mathcal{F}_1 = \mathcal{F}_2 = \mathcal{F}_3 = \mathcal{F}$ zu dem linearen Gleichungssystem

$$\sigma_{zz}(z = h/2) = q_z(x, y) = q_0 \sin(px) \sin(qy)$$

$$= \frac{\partial^2 \mathcal{F}(z = h/2)}{\partial y^2} + \frac{\partial^2 \mathcal{F}(z = h/2)}{\partial x^2}$$

$$= [a_0 \exp(\bar{s}\frac{h}{2}) + b_0 \exp(-\bar{s}\frac{h}{2})](-\bar{s}^2) \, \sin(p\,x) \sin(q\,y)$$

$$\sigma_{zz}(z = -h/2) = 0$$

$$= \frac{\partial^2 \mathcal{F}(z = -h/2)}{\partial y^2} + \frac{\partial^2 \mathcal{F}(z = -h/2)}{\partial x^2}$$

$$= [a_0 \exp(-\bar{s}\frac{h}{2}) + b_0 \exp(+\bar{s}\frac{h}{2})](-\bar{s}^2) \, \sin(p\,x) \sin(q\,y)$$

welches in Matrix-Vektor-Form umgeschrieben werden kann

$$\begin{bmatrix} -\exp\left(\dfrac{h\bar{s}}{2}\right) & -\exp\left(-\dfrac{h\bar{s}}{2}\right) \\ -\exp\left(-\dfrac{h\bar{s}}{2}\right) & -\exp\left(\dfrac{h\bar{s}}{2}\right) \end{bmatrix} \begin{bmatrix} a_0 \\ b_0 \end{bmatrix} = \begin{bmatrix} \dfrac{q_0}{\bar{s}^2} \\ 0 \end{bmatrix} \tag{4.24}$$

und in der Lösung

$$\begin{bmatrix} a_0 \\ b_0 \end{bmatrix} = \frac{1}{\exp(\bar{s}h) - \exp(-\bar{s}h)} \frac{q_0}{\bar{s}^2} \begin{bmatrix} -\exp\left(\bar{s}\dfrac{h}{2}\right) \\ \exp\left(-\bar{s}\dfrac{h}{2}\right) \end{bmatrix} = \frac{1}{2\sinh(\bar{s}h)} \frac{q_0}{\bar{s}^2} \begin{bmatrix} -\exp\left(\bar{s}\dfrac{h}{2}\right) \\ \exp\left(-\bar{s}\dfrac{h}{2}\right) \end{bmatrix}$$

$$\tag{4.25}$$

resultiert. Mit diesem Ergebnis wird die Spannungsfunktion $\mathcal{F}$ in Gl. 4.22 nun zu

$$\mathcal{F} = \frac{q_0}{\bar{s}^2} \frac{-\exp\left(\bar{s}\frac{h}{2}\right) \exp(\bar{s}z) + \exp\left(-\bar{s}\frac{h}{2}\right) \exp(-\bar{s}z)}{2\sinh(\bar{s}h)} \sin(p\,x) \sin(q\,y)$$

$$= -\frac{q_0}{\bar{s}^2} \frac{\sinh\left[\bar{s}\left(\frac{h}{2} + z\right)\right]}{\sinh(\bar{s}h)} \sin(p\,x) \sin(q\,y). \tag{4.26}$$

Nun können alle Spannungskomponenten mittels Gl. 3.7 bestimmt werden, wobei für die Spannungsfunktion $\mathcal{F}_1 = \mathcal{F}_2 = \mathcal{F}_3 = \mathcal{F}$ zu berücksichtigen ist

$$\sigma_{xx} = \frac{\partial^2 \mathcal{F}}{\partial y^2} + \frac{\partial^2 \mathcal{F}}{\partial z^2} = -q_0 \frac{p^2}{\bar{s}^2} \frac{\sinh\left[\bar{s}\left(\frac{h}{2} + z\right)\right]}{\sinh(\bar{s}h)} \sin(p\,x) \sin(q\,y)$$

$$\sigma_{yy} = \frac{\partial^2 \mathcal{F}}{\partial x^2} + \frac{\partial^2 \mathcal{F}}{\partial z^2} = -q_0 \frac{q^2}{\bar{s}^2} \frac{\sinh\left[\bar{s}\left(\frac{h}{2} + z\right)\right]}{\sinh(\bar{s}h)} \sin(p\,x) \sin(q\,y)$$

$$\sigma_{zz} = \frac{\partial^2 \mathcal{F}}{\partial x^2} + \frac{\partial^2 \mathcal{F}}{\partial y^2} = q_0 \frac{\sinh\left[\bar{s}\left(\frac{h}{2}+z\right)\right]}{\sinh(\bar{s}h)} \sin(p\,x)\sin(q\,y)$$

$$\tau_{yz} = -\frac{\partial^2 \mathcal{F}}{\partial y\,\partial z} = q_0 \frac{q}{\bar{s}} \frac{\cosh\left[\bar{s}\left(\frac{h}{2}+z\right)\right]}{\sinh(\bar{s}h)} \sin(p\,x)\cos(q\,y)$$

$$\tau_{xz} = -\frac{\partial^2 \mathcal{F}}{\partial y\,\partial z} = q_0 \frac{p}{\bar{s}} \frac{\cosh\left[\bar{s}\left(\frac{h}{2}+z\right)\right]}{\sinh(\bar{s}h)} \cos(p\,x)\sin(q\,y)$$

$$\tau_{xy} = -\frac{\partial^2 \mathcal{F}}{\partial x\,\partial y} = q_0 \frac{pq}{\bar{s}^2} \frac{\sinh\left[\bar{s}\left(\frac{h}{2}+z\right)\right]}{\sinh(\bar{s}h)} \cos(p\,x)\cos(q\,y). \tag{4.27}$$

Die Dehnungen lassen sich nun mithilfe von Gl. 3.10 bestimmen. Im Weiteren kann das Verschiebungsfeld mit Gl. 2.8 durch Integration der Dehnungen zu

$$u(x,y,z) = \frac{q_0}{E} \frac{\sinh\left[\bar{s}\left(\frac{h}{2}+z\right)\right]}{\sinh(\bar{s}h)} \frac{p}{\bar{s}^2} (1+\nu)\cos(px)\sin(qy) + C_1$$

$$v(x,y,z) = \frac{q_0}{E} \frac{\sinh\left[\bar{s}\left(\frac{h}{2}+z\right)\right]}{\sinh(\bar{s}h)} \frac{q}{\bar{s}^2} (1+\nu)\sin(px)\cos(qy) + C_2 \tag{4.28}$$

$$w(x,y,z) = \frac{q_0}{E} \frac{\cosh\left[\bar{s}\left(\frac{h}{2}+z\right)\right]}{\sinh(\bar{s}h)} \frac{1}{\bar{s}} (1+\nu)\sin(px)\sin(qy) + C_3$$

gefunden werden. Darin sind die Konstanten C_1, C_2 und C_3 aus den Verschiebungsrandbedingungen, also der Lagerung, zu bestimmen. Werden z. B. als Verschiebungsrandbedingungen zuviel $u = v = w = 0$ für $x = 0$, $y = 0$ und $z = -\frac{b}{2}$ gewählt, so ergibt sich für die Konstanten in Gl. 4.28 $C_1 = C_2 = C_3 = 0$. Die qualitativen Verformungen der dicken Platte aus Abb. 4.3 ist, für den angegebenen Lastfall, in Abb. 4.4 dargestellt und die dazugehörigen Spannungen in Abb. 4.5.

Werden als spezifische Materialkennwerte für das Elastizitätsmodul $E = 72\ GPa$, die Querkontraktion $\nu = 1/3$, den Geometriekennwerten $a = 300$ mm für die Länge in x-Richtung, $b = 200$ mm für die Breite in y-Richtung und der Dicke $h = 40$ mm in z-Richtung und der Lastamplitude $q_0 = 100\ \frac{N}{mm^2}$ verwendet, so ergeben sich die Spannungen für die ausgewiesenen Punkte zu

$$\sigma_{xx}\left(x = \frac{a}{2}, y = \frac{b}{2}, z\right) = -37,1166\ \frac{N}{mm^2}\ \sinh[\bar{s}(20mm + z)]$$

$$\sigma_{yy}\left(x = \frac{a}{2}, y = \frac{b}{2}, z\right) = -83,5123\ \frac{N}{mm^2}\ \sinh[\bar{s}(20mm + z)]$$

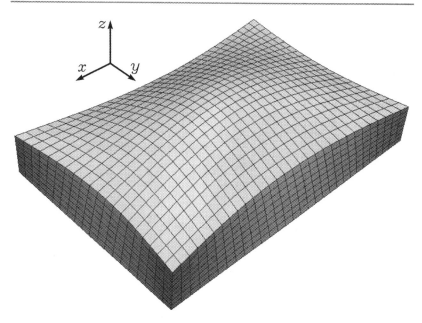

Abb. 4.4 Die qualitative Verformung der dicken Platte, welche mit einer Bisinuslast bei $z = +\frac{h}{2}$ beaufschlagt wird. Die NEUMANN-Randbedingungen sind in Gl. 4.23 angegeben.

$$\sigma_{zz}\left(x = \frac{a}{2}, y = \frac{b}{2}, z\right) = 120,629\frac{\text{N}}{\text{mm}^2} \sinh[\bar{s}(20\text{mm} + z)]$$

$$\tau_{yz}\left(x = \frac{a}{2}, y = 0, z\right) = 100,369\frac{\text{N}}{\text{mm}^2} \cosh[\bar{s}(20\text{mm} + z)]$$

$$\tau_{xz}\left(x = 0, y = \frac{b}{2}, z\right) = 66,9129\frac{\text{N}}{\text{mm}^2} \cosh[\bar{s}(20\text{mm} + z)]$$

$$\tau_{xy}\left(x = 0, y = 0, z\right) = 55,6749\frac{\text{N}}{\text{mm}^2} \sinh[\bar{s}(20\text{mm} + z)]$$

wobei der Eigenwert

$$\bar{s} = 0,0188786\frac{1}{\text{mm}}$$

beträgt.

Die Positionen in den oben angegebenen Funktionen wurden gewählt, da diese Spannung, gemäß den trigonometrischen Funktionen, dort am größten ist, siehe Abb. 4.5.

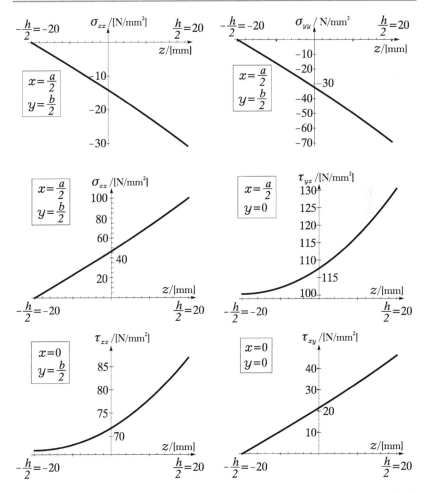

Abb. 4.5 Dargestellt sind die Spannungsverläufe der Gl. 4.27 als Funktion von z, an den in den Bildern angegebenen Positionen für x und y. Die x- und y-Positionen wurden deshalb ausgewählt, da dort diese Spannungen, gemäß den trigonometrischen Funktionen, am größten sind. Zu erkennen ist, dass die Schubspannungen τ_{yz}, τ_{xz} an der Ober- und Unterseite der Platte und die Schubspannung τ_{xy} nur an der Oberseite der Platte nicht Null sind. Dies ist dem Umstand geschuldet, dass an der Ober- und Unterseite aus der Spannungsfunktion Verschiebungsrandbedingungen gemäß Gl. 4.28 entstehen, welche über die Fläche Spannungen induzieren.

Da die Differenzialgleichung linear ist, kann die Lösung in Gl. 4.27 mit anderen Lösungen überlagert werden.

4.3 Anmerkungen zu Spannungsfunktionen

In diesem Abschnitt werden Probleme aufgeführt und erläutert, die entstehen, wenn drei Spannungsfunktionen verwendet werden, wie MAXWELL und MORERA dies vorgeschlagen haben. Wir zeigen hier, dass ein Problem mittels drei Spannungsfunktionen beschrieben werden kann, wobei aber unbedingt auf die Reihenfolge der einzelnen Spannungsfunktionen geachtet werden muss. Um das Problem darzulegen, wird die Last aus Abb. 4.6 modifiziert, indem nur eine Belastung in x-Richtung wirkt. Im Weiteren werden nur MAXWELLsche Spannungsfunktionen angegeben, da der Formalismus für die MORERAschen Spannungsfunktionen derselbe ist.

Für diesen Lastfall erfüllen die folgenden unterschiedlichen Kombinationen von Spannungsfunktionen die Randbedingungen. Die erste mögliche Kombination in Anlehnung an Gl. 4.8 ist

$$\mathcal{F}_1 = \frac{1}{4}\sigma_a x^2, \ \mathcal{F}_2 = \frac{1}{4}\sigma_a z^2, \ \mathcal{F}_3 = \frac{1}{4}\sigma_a y^2. \tag{4.29}$$

Eine zweite mögliche Kombination lautet

$$\mathcal{F}_1 = 0, \ \mathcal{F}_2 = \frac{1}{4}\sigma_a z^2, \ \mathcal{F}_3 = \frac{1}{4}\sigma_a y^2 \tag{4.30}$$

und eine dritte

$$\mathcal{F}_1 = 0, \ \mathcal{F}_2 = 0, \ \mathcal{F}_3 = \frac{1}{2}\sigma_a y^2 \tag{4.31}$$

und eine vierte mögliche ist

Abb. 4.6 Quader mit der Last σ_a in x-Richtung. a, b und c sind die Abmessungen in x-, y- und z-Richtung.

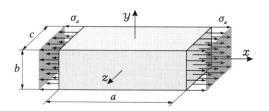

$$\mathcal{F}_1 = 0, \quad \mathcal{F}_2 = \frac{1}{2}\sigma_a z^2, \quad \mathcal{F}_3 = 0. \tag{4.32}$$

Weitere Linearkombinationen sind möglich. Nach Einsetzen dieser vier Kombinationen in Gl. 3.7 ergeben sich die Spannungen in allen Fällen zu $\sigma_{xx} = \sigma_a$ und $\sigma_{yy} = \sigma_{zz} = \tau_{yz} = \tau_{xz} = \tau_{xy} = 0$.
Werden die Terme der Spannungsfunktionen aus Gl. 4.29 in

$$\mathcal{F}_1 = \frac{1}{4}\sigma_a x^2, \quad \mathcal{F}_2 = \frac{1}{4}\sigma_a y^2, \quad \mathcal{F}_3 = \frac{1}{4}\sigma_a z^2 \tag{4.33}$$

abgeändert, so wird der Quader spannungsfrei

$$\sigma_{ii} = 0, \quad \tau_{ij} = 0 \quad \text{mit} \quad i, j = x, y, z \quad \text{und} \quad i \neq j.$$

Es ist also wesentlich, dass auf die Reihenfolge der Spannungsfunktionen geachtet wird. Außerdem ist es sogar möglich, einen mehrdimensionalen Spannungszustand im Kontinuum mittels verschiedenen Spannungsfunktionen darzustellen. So führen die Spannungsfunktionen

$$\mathcal{F}_1 = \frac{1}{2}\sigma_a y^2, \quad \mathcal{F}_2 = \frac{1}{2}\sigma_a z^2, \quad \mathcal{F}_3 = \frac{1}{2}\sigma_a x^2 \tag{4.34}$$

zu einem dreiachsigen Spannungszustand mit

$$\sigma_{ii} = \sigma_a, \quad \tau_{ij} = 0 \quad \text{mit} \quad i, j = x, y, z \quad \text{und} \quad i \neq j.$$

Derselbe dreiachsige Spannungszustand kann mit den Spannungsfunktionen

$$\mathcal{F}_1 = \frac{\sigma_a}{2}(x^2 + y^2), \quad \mathcal{F}_2 = \frac{\sigma_a}{2}(y^2 + z^2), \quad \mathcal{F}_3 = \frac{\sigma_a}{2}(x^2 + z^2) \tag{4.35}$$

gefunden werden.
Die dargelegten Beispiele führen einen Teil der Probleme vor, wenn mit drei Spannungsfunktionen gearbeitet wird.

4.3.1 3D-Balken unter reiner Biegung

In diesem Abschnitt wird auf die Biegung, wie in Abb. 4.7 dargestellt, eingegangen. Dazu werden zwei mögliche Kombinationen von Spannungsfunktionen angegeben.

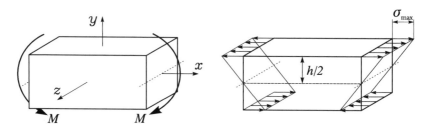

Abb. 4.7 3D-Balken unter reiner Biegung, wobei M das Biegemoment und σ_{max} die maximale Spannung in x-Richtung bei $y = h/2$ ist.

Beim Balken liegen die größten Spannungen σ_{max} in x-Richtung bei $y = h/2$ vor. Die erste mögliche Kombination von Spannungsfunktionen nach MAXWELL ist

$$\mathcal{F}_1 = 0, \quad \mathcal{F}_2 = 0, \quad \mathcal{F}_3 = \frac{1}{6}\frac{\sigma_{max}}{h/2}y^3 \tag{4.36}$$

und eine zweite Kombination lautet

$$\mathcal{F}_1 = 0, \quad \mathcal{F}_2 = \frac{1}{6}\frac{\sigma_{max}}{h/2}z^3, \quad \mathcal{F}_3 = \frac{1}{6}\frac{\sigma_{max}}{h/2}y^3. \tag{4.37}$$

Diese beiden Kombination erfüllen die Kompatibilitätsbedingungen in Gl. 3.9. Im Weiteren sind noch andere mögliche Kombinationen denkbar.

4.4 Analytische Lösungen mittels Verschiebungsfunktionen

Wir zeigen nun den von PAGANO [8] vorgestellten Lösungsweg, um eine analytische Lösung des LAMÉ-NAVIER-Differenzialgleichungssystems mittels eines Verschiebungsansatzes zu berechnen. Außerdem wird erläutert, wie noch weitere analytische Lösungen mit dem Verfahren berechnet werden können.

4.4.1 Der Verschiebungsansatz von Pagano

Im Abschn. 3.2 wurde die Theorie von PAGANO kurz vorgestellt, bei der eine dicke Platte auf der Oberseite mit einer Bisinuslast beaufschlagt wird. Der Ansatz von PAGANO basiert darauf, dass ein Verschiebungsansatz in das LAMÉ-NAVIER-Differenzialgleichungssystem (Gl. 3.25) eingesetzt wird. Die Funktion der Last auf der Oberseite der Platte bei $z = +\frac{h}{2}$ wirkt in z-Richtung und lautet

$$q_z(x, y, z = \frac{h}{2}) = q_0 \sin(p\,x) \sin(q\,y) \tag{4.38}$$

worin q und p durch Gl. 3.27 mit $m = n = 1$ definiert sind und q_0 die Amplitude der Bisinuslast ist (siehe Abb. 4.3).

Bei der PAGANO-Platte werden die Spannungen aus den Verschiebungen im Nachlauf bestimmt. Um die Verschiebungen zu erhalten, muss mittels Gl. 3.26 ein Verschiebungsansatz für jede Raumrichtung gebildet und in das LAMÉ-NAVIER-Differenzialgleichungssystem (Gl. 3.25) eingesetzt werden. Da die rechte Seite des Gleichungssystems Null ist, muss die Determinante des linearen Gleichungssystems auch Null sein. Diese Bedingung führt zu

$$(p^2 + q^2 - s^2)^3 = 0 \tag{4.39}$$

mit der Lösung für den Eigenwert s

$$s_{1,3,5} = +\sqrt{p^2 + q^2} \quad \text{und} \quad s_{2,4,6} = -\sqrt{p^2 + q^2}. \tag{4.40}$$

Um die Lösung für die Verschiebungen zu bekommen, muss dieser Eigenwert in den Ansatz 3.26 zurück eingesetzt werden. Im Weiteren werden die Abkürzungen

$$U(z) := U^* \exp(sz)$$
$$V(z) := V^* \exp(sz) \tag{4.41}$$
$$W(z) := W^* \exp(sz)$$

eingeführt, sodass sich für diese nach Einsetzen der Eigenwerte aus Gl. 4.40 die Lösung

$$U(z) = (a_{11} + a_{31}z + a_{51}z^2)\exp(sz) + (a_{21} + a_{41}z + a_{61}z^2)\exp(-sz)$$
$$V(z) = (a_{12} + a_{32}z + a_{52}z^2)\exp(sz) + (a_{22} + a_{42}z + a_{62}z^2)\exp(-sz) \tag{4.42}$$
$$W(z) = (a_{13} + a_{33}z + a_{53}z^2)\exp(sz) + (a_{23} + a_{43}z + a_{63}z^2)\exp(-sz)$$

ergibt. Diese drei Gleichungen beinhalten 18 Unbekannte a_{ij} mit $i = 1, \ldots, 6$ und $j = 1, 2, 3$, welche mittels sechs NEUMANN- oder Spannungsrandbedingungen

$$\sigma_{zz}(z = h/2) = q_0(x, y)$$
$$\sigma_{zz}(z = -h/2) = 0$$
$$\tau_{zx}(z = \pm h/2) = \tau_{zy}(z = \pm h/2) = 0 \qquad (4.43)$$
$$\sigma_{xx}(x = 0) = \sigma_{xx}(x = a) = \sigma_{yy}(y = 0) = \sigma_{yy}(y = b) = 0$$

ermittelt werden. Es liegen also nur sechs Gleichungen für die 18 Unbekannten vor [8]. Um die Anzahl der Unbekannten zu reduzieren, wird im Folgenden die Lösung aus Gl. 4.42 in das LAMÉ-NAVIER-Differenzialgleichungssystem Gl. 3.25 eingesetzt und nach den Termen exp(sz), exp($-sz$) und der Potenz von z sortiert. Daraus ergeben sich 18 Beziehungen für die 18 Unbekannten a_{ij} mit $i = 1, \ldots, 6$ und $j = 1, 2, 3$. Um die linearen Gleichungen zu erfüllen, müssen die sechs Konstanten a_{5j} und a_{6j} mit $j = 1, 2, 3$ Null sein. Außerdem erhält man sechs lineare Abhängigkeiten zwischen den verbleibenden Konstanten, so dass nur sechs Unbekannte übrig bleiben. Diese sechs verbleibenden Unbekannten können mittels der sechs Randbedingungen aus Gl. 4.43 bestimmt werden. Zusammenfassend lauten die Ergebnisse

$$a_{51} = a_{52} = a_{53} = a_{61} = a_{62} = a_{63} = 0$$
$$a_{33} = \frac{s}{p} a_{31}, \qquad a_{32} = \frac{q}{p} a_{31}$$
$$a_{43} = -\frac{s}{p} a_{41}, \qquad a_{42} = \frac{q}{p} a_{41}$$
$$a_{13} = \frac{p}{s} a_{11} + \frac{q}{s} a_{12} - \frac{1}{p}(3 - 4\nu) a_{31} \qquad (4.44)$$
$$a_{23} = -\frac{p}{s} a_{21} - \frac{q}{s} a_{22} - \frac{1}{p}(3 - 4\nu) a_{41}.$$

Für die Verschiebungsfunktionen $u(x, y, z)$, $v(x, y, z)$ und $w(x, y, z)$ erhält man nach Einsetzen von $a_{5j} = a_{6j} = 0$ mit $j = 1, 2, 3$ in Gl. 3.26 und 4.42

$$u(x, y, z) = \left[(a_{11} + a_{31}z)\exp(sz) + (a_{21} + a_{41}z)\exp(-sz)\right]\cos(px)\sin(qy)$$
$$v(x, y, z) = \left[(a_{12} + a_{32}z)\exp(sz) + (a_{22} + a_{42}z)\exp(-sz)\right]\sin(px)\cos(qy)$$
$$w(x, y, z) = \left[(a_{13} + a_{33}z)\exp(sz) + (a_{23} + a_{43}z)\exp(-sz)\right]\sin(px)\sin(qy).$$
$$(4.45)$$

Diese Gleichungen besagen, dass wegen der Sinusfunktion die Verschiebungen u und w an den Positionen $y = 0$ und $y = b$ und ebenso die Verschiebungen v und w an den Stellen $x = 0$ und $x = a$ Null sind.

Die Spannungen werden mit den Verschiebungen aus Gl. 4.45 gebildet, indem diese in die kinematischen Beziehungen Gl. 2.8 bzw. 2.9 und in das linear elastische Materialgesetz isotroper Werkstoffe Gl. 2.3 eingesetzt werden

$$\sigma_{xx}(x, y, z) = \frac{E}{(1 + \nu)(1 - 2\nu)} \left[-p(1 - \nu) U(z) + \nu \left(-q V(z) + W'(z) \right) \right] \sin(px) \sin(qy)$$

$$\sigma_{yy}(x, y, z) = \frac{E}{(1 + \nu)(1 - 2\nu)} \left[-q(1 - \nu) V(z) + \nu \left(-p U(z) + W'(z) \right) \right] \sin(px) \sin(qy)$$

$$\sigma_{zz}(x, y, z) = \frac{E}{(1 + \nu)(1 - 2\nu)} \left[(1 - \nu) W'(z) - \nu \left(p U(z) + q V(z) \right) \right] \sin(px) \sin(qy)$$

$$\tau_{yz}(x, y, z) = \frac{1}{2} \frac{E}{1 + \nu} \left(V'(z) + q W(z) \right) \sin(px) \cos(qy) \qquad (4.46)$$

$$\tau_{xz}(x, y, z) = \frac{1}{2} \frac{E}{1 + \nu} \left(U'(z) + p W(z) \right) \cos(px) \sin(qy)$$

$$\tau_{xy}(x, y, z) = \frac{1}{2} \frac{E}{1 + \nu} \left(q U(z) + p V(z) \right) \cos(px) \cos(qy)$$

wobei mit den Beziehungen aus Gl. 4.42 und 4.44 für die Funktionen

$$U(z) = \left(a_{11} + a_{31} z \right) \exp(sz) + \left(a_{21} + a_{41} z \right) \exp(-sz)$$

$$U'(z) = \frac{\partial U}{\partial z} = \left[a_{31}(1 + sz) + a_{11} s \right] \exp(sz) + \left[a_{41}(1 - sz) - a_{21} s \right] \exp(-sz)$$

$$V(z) = \left(a_{12} + \frac{q}{p} a_{31} z \right) \exp(sz) + \left(a_{22} + \frac{q}{p} a_{41} z \right) \exp(-sz)$$

$$V'(z) = \frac{\partial V}{\partial z} = \left[\frac{q}{p} a_{31}(1 + sz) + a_{12} s \right] \exp(sz) + \left[\frac{q}{p} a_{41}(1 - sz) - a_{22} s \right] \exp(-sz)$$

$$W(z) = \left[\frac{p}{s} a_{11} + \frac{q}{s} a_{12} - \frac{1}{p}(3 - 4\nu - sz) a_{31} \right] \exp(sz)$$

$$\qquad + \left[-\frac{p}{s} a_{21} - \frac{q}{s} a_{22} - \frac{1}{p}(3 - 4\nu + sz) a_{41} \right] \exp(-sz) \qquad (4.47)$$

$$W'(z) = \frac{\partial W}{\partial z} = \left[(-2 + 4\nu + sz) \frac{s}{p} a_{31} + p a_{11} + q a_{12} \right] \exp(sz)$$

$$\qquad + \left[(2 - 4\nu + sz) \frac{s}{p} a_{41} + p a_{21} + q a_{22} \right] \exp(-sz)$$

gilt. Wie oben beschrieben, können die sechs Konstanten a_{31}, a_{41}, a_{11}, a_{12}, a_{21} und a_{22} mit den sechs NEUMANN Randbedingungen in Gl. 4.43 bestimmt werden.

Unter Verwendung von den spezifischen Materialkennwerten für das Elastizitätsmodul $E = 72\, GPa$, der Querkontraktion $\nu = 1/3$, den Geometriekennwerten

$a = 300$ mm für die Länge in x-Richtung, $b = 200$ mm für die Breite in y-Richtung und der Dicke $h = 40$ mm in z-Richtung und der Lastamplitude $q_0 = 100 \frac{\text{N}}{\text{mm}^2}$ folgt für die sechs Konstanten aus Gl. 4.44 mittels den Randbedingungen in Gl. 4.43 und den Gleichungen für die Spannungen Gl. 4.46

$$a_{11} = -0,073148 \text{ mm}$$
$$a_{12} = -0,109722 \text{ mm}$$
$$a_{31} = -0,00758243$$
$$a_{21} = 0,082626 \text{ mm}$$
$$a_{22} = 0,123939 \text{ mm}$$
$$a_{41} = -0,00733173,$$

wobei der Eigenwert der gleiche ist wie im Beispiel von Abschn. 4.2.3

$$s = 0,0188786 \frac{1}{\text{mm}}.$$

Daraus ergeben sich nun abschließend die Funktionen der Spannungen für die ausgewiesenen Punkte

$$\sigma_{xx}(x = \frac{a}{2}, y = \frac{b}{2}, z) = \left(533,463 + 4,28776 \frac{1}{\text{mm}} z\right) \frac{\text{N}}{\text{mm}^2} \exp(s\,z) + \left(-522,553 + 4,146 \frac{1}{\text{mm}} z\right) \frac{\text{N}}{\text{mm}^2} \exp(-s\,z)$$

$$\sigma_{yy}(x = \frac{a}{2}, y = \frac{b}{2}, z) = \left(585,168 + 9,64746 \frac{1}{\text{mm}} z\right) \frac{\text{N}}{\text{mm}^2} \exp(s\,z) + \left(-580,958 + 9,32849 \frac{1}{\text{mm}} z\right) \frac{\text{N}}{\text{mm}^2} \exp(-s\,z)$$

$$\sigma_{zz}(x = \frac{a}{2}, y = \frac{b}{2}, z) = \left(849,764 - 13,9352 \frac{1}{\text{mm}} z\right) \frac{\text{N}}{\text{mm}^2} \exp(s\,z) + \left(-799,805 - 13,4745 \frac{1}{\text{mm}} z\right) \frac{\text{N}}{\text{mm}^2} \exp(-s\,z)$$

$$\tau_{yz}(x = \frac{a}{2}, y = 0, z) = \left(92,8698 - 11,5948 \frac{1}{\text{mm}} z\right) \frac{\text{N}}{\text{mm}^2} \exp(s\,z) + \left(71,6077 + 11,2115 \frac{1}{\text{mm}} z\right) \frac{\text{N}}{\text{mm}^2} \exp(-s\,z)$$

$$\tau_{xz}(x=0, y=\frac{b}{2}, z) = \left(61,9132 - 7,72987 \, \frac{1}{\text{mm}} \, z\right) \frac{N}{\text{mm}^2} \exp(s\,z) +$$

$$\left(47,7385 + 7,4743 \, \frac{1}{\text{mm}} \, z\right) \frac{N}{\text{mm}^2} \exp(-s\,z)$$

$$\tau_{xy}(x=0, y=0, z) = \left(-62,0464 - 6,43164 \, \frac{1}{\text{mm}} \, z\right) \frac{N}{\text{mm}^2} \exp(s\,z) +$$

$$\left(70,0858 - 6,219 \, \frac{1}{\text{mm}} \, z\right) \frac{N}{\text{mm}^2} \exp(-s\,z).$$

Die in den Funktionen angegebenen Positionen für x und y wurden deshalb gewählt, da dort diese Spannung am größten ist. Diese Funktionen sind, für die in Abb. 4.3 abgebildete Last, in Abb. 4.8 dargestellt. Außerdem ist eine qualitative Darstellung der verformten Platte in Abb. 4.9 illustriert.

Die in diesem Abschnitt angegebene Lösung ist exakt und kann deshalb zur Verifikation von numerischen Modellen verwendet werden. Da die gebietsbeschreibenden Differenzialgleichungen von linearer Natur sind, können weitere Lösungen, für Belastungen die in x- und y-Richtung wirken, superpositioniert werden.

Neben der Bisinuslast können noch weitere Lastfälle betrachtet werden. Da jede Last FOURIER-transformiert wird, führt dies zu einer Vielzahl von Termen, die mit Sinus oder Kosinus behaftet sind. Im Folgenden müssen für jedes Glied der FOURIER-Reihe der Eigenwert und die Konstanten bestimmt werden. Für verschiedene Lastfälle sind bereits Lösungen von HÜTTL angegeben [71].

Neben den von PAGANO angegebenen Verschiebungsansätzen in Gl. 3.26 kann ein weiterer Ansatz zur Anwendung kommen. Dieser ist, nach Vertauschung der Sinus- und Kosinusterme,

$$u(x, y, z) = U^* \exp(s\,z)\,\sin(p\,x)\,\cos(q\,y)$$
$$v(x, y, z) = V^* \exp(s\,z)\,\cos(p\,x)\,\sin(q\,y) \qquad (4.48)$$
$$w(x, y, z) = W^* \exp(s\,z)\,\cos(p\,x)\,\cos(q\,y)$$
$$\text{mit}\, p = \frac{n\pi}{a}, \quad q = \frac{m\pi}{b} \quad \text{und}\quad n, m = 1, 2, 3, \ldots$$

Dabei ist noch zu berücksichtigen, dass als Last nun eine Kosinusfunktion verwendet werden muss. Ansonsten können die trigonometrischen Funktionen nicht mehr ausgeklammert und gekürzt werden, weswegen kein Eigenwert mehr gefunden werden kann. Die Bikosinusfunktion der Last lautet also

$$q_z(x, y, z=\frac{h}{2}) = q_0 \cos(p\,x) \cos(q\,y). \qquad (4.49)$$

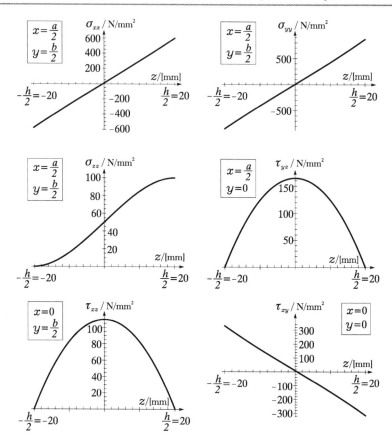

Abb. 4.8 Dargestellt sind die Spannungsverläufe der Gl. 4.46 als Funktion von z, in Referenz zu PAGANO, an den in den Bildern angegebenen Positionen für x und y. Die Positionen an den x- und y- Koordinaten wurden deshalb gewählt, da dort diese Spannungen gemäß den trigonometrischen Funktionen am größten sind.

Auch diese Last wirkt in z-Richtung, z. B. auf der Oberseite der Platte $(z = +\frac{h}{2})$. Die Ergebnisse dieses Ansatzes sind vergleichbar mit den oben angegebenen, weswegen diese hier nicht vorgestellt werden.

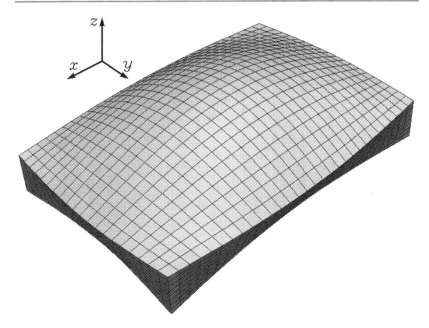

Abb. 4.9 Qualitative Darstellung der verformten Platte, welche gemäß Abb. 4.3 belastet wird. Die Deformation, die mit den für dieses Beispiel angegebenen Material- und Geometrieparametern bestimmt wurde, ist mit dem Faktor 20 hoch skaliert.

4.5 Vergleich zwischen den Maxwellschen Spannungsfunktionen und den Verschiebungsansätzen von Pagano

Nachdem analytische Lösungen mit den MAXWELLschen Spannungsansätzen und der Methode von PAGANO ermittelt wurden, stellt sich die Frage, ob die Lösungen beider Verfahren äquivalent sind? Diese Frage wurde bereits von HÜTTL beantwortet [71]. HÜTTL entwickelte aus den Lösungen von Pagano drei dazugehörige MAXWELLsche Spannungsfunktionen, welche für die Spannungen und Dehnungen dieselben Ergebnisse liefern. Dabei zeigte sich, dass die Spannungsfunktionen eine sehr ähnliche Form wie PAGANOs Lösung haben. Um die Gleichheit beider Lösungen zu zeigen, werden die Spannungen aus der PAGANO-Lösung (Gl. 4.46) in MAXWELLsche Spannungsfunktionen transformiert. Am einfachsten geschieht dies, indem die MAXWELLschen Spannungsfunktionen $\mathcal{F}_1$, $\mathcal{F}_2$ und $\mathcal{F}_3$ aus den

Schubspannungen der PAGANO-Lösung (Gl. 4.46) mittels Integration der Gl. 3.7 bestimmt werden. Die Integration liefert für die drei Spannungsfunktionen

$$\mathcal{F}_1 = -\frac{E}{2(1+\nu)\,q}\left(V(z) + q\int_z W(z)\,dz\right) sin(px)sin(qy)$$
$$+ \int_y C_{11}(x,y)\,dy + C_{12}(x,z)$$
$$\mathcal{F}_2 = -\frac{E}{2(1+\nu)\,p}\left(U(z) + p\int_z W(z)\,dz\right) sin(px)sin(qy)$$
$$+ \int_x C_{21}(x,y)\,dx + C_{22}(y,z)$$
$$\mathcal{F}_3 = -\frac{E}{2(1+\nu)\,p\,q}\big(q\,U(z) + p\,V(z)\big)\,sin(px)sin(qy)$$
$$+ \int_x C_{31}(x,z)\,dx + C_{32}(y,z) \tag{4.50}$$

worin C_{ij} mit $i = 1,2,3$ und $j = 1,2$ die Integrationskonstanten sind. In diese drei Gleichungen werden die folgenden Funktionen

$$U(z) = \mathrm{U}^* \exp(\hat{s}z)$$
$$V(z) = \mathrm{V}^* \exp(\hat{s}z)$$
$$W(z) = \mathrm{W}^* \exp(\hat{s}z) \tag{4.51}$$

eingesetzt. Darin sind U^*, V^* und W^* unbekannte Konstanten und $\hat{s}$ stellt den Eigenwert dar.

Aus den Beziehungen (3.7) von MAXWELL erhält man im Folgenden die Normalspannungen σ_{xx}^M, σ_{yy}^M und σ_{zz}^M

$$\sigma_{xx}^M = \frac{E}{2(\nu+1)}\frac{-p\,q\,\mathrm{V}^* + \hat{s}\,(p\,\mathrm{W}^* + \hat{s}\,\mathrm{U}^*) - q^2\,\mathrm{U}^*}{p}\exp(\hat{s}z)\,sin(px)\sin(qy) +$$
$$+\frac{\partial^2}{\partial z^2}(C_{22} + C_{32})$$
$$\sigma_{yy}^M = \frac{E}{2(\nu+1)}\frac{p^2\,\mathrm{V}^* + p\,q\,\mathrm{U}^* - \hat{s}\,(q\,\mathrm{W}^* + s\,\mathrm{V}^*)}{q}\exp(\hat{s}z)\,sin(px)\sin(qy) +$$
$$+\frac{\partial^2 C_{12}}{\partial z^2} + \frac{\partial C_{31}}{\partial x}$$

$$\sigma_{zz}^M = \frac{E}{2(\nu+1)} \frac{p^2\,W^* + p\,\hat{s}\,U^* + q\,(q\,W^* + \hat{s}\,V^*)}{s} \; \exp(\hat{s}z)\,\sin(px)\,\sin(qy) +$$

$$+\frac{\partial\,C_{11}}{\partial\,y} + \frac{\partial\,C_{21}}{\partial\,x}, \tag{4.52}$$

wobei der hochgestellte Index M auf die MAXWELLschen Spannungen referenziert. Hingegen sind die Normalspannungen nach PAGANO in Referenz zu Abschn. 4.4.1

$$\sigma_{xx}^P = \frac{E}{(1+\nu)(1-2\nu)}\Big[-p\,(1-\nu)\,U(z)+\nu\,\big(-q\,V(z)+W'(z)\big)\Big]\sin(px)\sin(qy)$$

$$\sigma_{yy}^P = \frac{E}{(1+\nu)(1-2\nu)}\Big[-q\,(1-\nu)\,V(z)+\nu\,\big(-p\,U(z)+W'(z)\big)\Big]\sin(px)\sin(qy)$$

$$\sigma_{zz}^P = \frac{E}{(1+\nu)(1-2\nu)}\Big[(1-\nu)\,W'(z)-\nu\,\big(p\,U(z)+q\,V(z)\big)\Big]\sin(px)\sin(qy). \tag{4.53}$$

Hierin referenziert der hochgestellte Index P auf die PAGANO-Spannungen. In diese Normalspannungsgleichungen lassen sich ebenso die Beziehungen Gl. 4.51 einsetzen, was zu

$$\sigma_{xx}^P = \frac{E}{(1+\nu)(1-2\nu)}\Big[-p\,(1-\nu)\,U^*+\nu\,\big(-q\,V^*+\hat{s}\,W^*\big)\Big]\exp(\hat{s}z)\sin(px)\sin(qy)$$

$$\sigma_{yy}^P = \frac{E}{(1+\nu)(1-2\nu)}\Big[-q\,(1-\nu)\,V^*+\nu\,\big(-p\,U^*+\hat{s}\,W^*\big)\Big]\exp(\hat{s}z)\sin(px)\sin(qy)$$

$$\sigma_{zz}^P = \frac{E}{(1+\nu)(1-2\nu)}\Big[\hat{s}\,(1-\nu)\,W^*-\nu\,\big(p\,U^*+q\,V^*\big)\Big]\exp(\hat{s}z)\sin(px)\sin(qy) \tag{4.54}$$

führt.

Wenn die Spannungen nach PAGANO und MAXWELL gleich sein sollen, dann müssen die Gleichungen der Normalspannungen aus Gl. 4.52 und 4.54 identisch sein

$$\sigma_{xx}^P - \sigma_{xx}^M = 0$$
$$\sigma_{yy}^P - \sigma_{xx}^M = 0$$
$$\sigma_{zz}^P - \sigma_{xx}^M = 0. \tag{4.55}$$

Die Differenz zwischen diesen Spannungen ist nur Null, wenn der Faktor vor der Exponentialfunktion und den harmonischen Funktionen identisch ist. Im Weiteren wird zunächst angenommen, dass die Integrationskonstanten C_{ij} mit $i = 1, 2, 3$

und $j = 1, 2$ Null sind, was aber noch am Ende überprüft werden muss. Das lineare
Gleichungssystem, welches aus den Gl. 4.55 entsteht, lautet

$$
\begin{bmatrix} B_{11} & B_{12} & B_{13} \\ B_{21} & B_{22} & B_{23} \\ B_{31} & B_{32} & B_{33} \end{bmatrix} \cdot \begin{bmatrix} U^* \\ V^* \\ W^* \end{bmatrix} = \begin{bmatrix} 0 \\ 0 \\ 0 \end{bmatrix}
\tag{4.56}
$$

mit den Koeffizienten

$$
B_{11} = \frac{2(1-\nu)p^2 + \left(q^2 - \hat{s}^2\right)(2\nu - 1)}{2p(\nu + 1)(2\nu - 1)}
$$

$$
B_{12} = \frac{q}{2(\nu + 1)(2\nu - 1)}
$$

$$
B_{13} = -\frac{\hat{s}}{2(\nu + 1)(2\nu - 1)}
$$

$$
B_{21} = \frac{p}{2(\nu + 1)(2\nu - 1)}
$$

$$
B_{22} = \frac{(1-2\nu)p^2 - 2q^2(\nu - 1) + \hat{s}^2(2\nu - 1)}{2q(\nu + 1)(2\nu - 1)}
$$

$$
B_{23} = -\frac{\hat{s}}{2(\nu + 1)(2\nu - 1)}
$$

$$
B_{31} = \frac{p}{2(\nu + 1)(2\nu - 1)}
$$

$$
B_{32} = \frac{q}{2(\nu + 1)(2\nu - 1)}
$$

$$
B_{33} = \frac{(1-2\nu)p^2 + 2\hat{s}^2(\nu - 1) + q^2(1 - 2\nu)}{2\hat{s}(\nu + 1)(2\nu - 1)}.
\tag{4.57}
$$

Die Matrix in Gl. 4.56 ist nur Null, wenn die Determinante verschwindet. Dies führt
mit Gl. 4.57 zu

$$
\frac{(1-\nu)\left(p^2 + q^2 - \hat{s}^2\right)^3}{4(\nu + 1)^3(2\nu - 1)pq\hat{s}} = 0.
\tag{4.58}
$$

Diese Gleichung hat dieselben Nullstellen wie die Determinante von PAGANO in
Gl. 4.39

$$
\hat{s}_{1,3,5} = +\sqrt{p^2 + q^2} \quad \text{or} \quad \hat{s}_{2,4,6} = -\sqrt{p^2 + q^2}
\tag{4.59}
$$

weswegen die Lösung nach PAGANO auch zur Bildung der MAXWELLschen Spannungsfunktionen $\mathcal{F}_1$, $\mathcal{F}_2$ und $\mathcal{F}_3$ verwendet werden kann. Für die Spannungsfunktionen ergibt sich also dieselbe Form wie für die Verschiebungen in Gl. 4.42

$$
\begin{aligned}
\mathcal{F}_1(x, y, z) &= \mathcal{F}_1^*(z) \sin(p\,x) \sin(q\,y) \\
\mathcal{F}_2(x, y, z) &= \mathcal{F}_2^*(z) \sin(p\,x) \sin(q\,y) \\
\mathcal{F}_3(x, y, z) &= \mathcal{F}_3^*(z) \sin(p\,x) \sin(q\,y)
\end{aligned}
\tag{4.60}
$$

mit

$$
\begin{aligned}
\mathcal{F}_1^*(z) &= (b_{11} + b_{31}z + b_{51}z^2)\exp(\hat{s}z) + (b_{21} + b_{41}z + b_{61}z^2)\exp(-sz) \\
\mathcal{F}_2^*(z) &= (b_{12} + b_{32}z + b_{52}z^2)\exp(\hat{s}z) + (b_{22} + b_{42}z + b_{62}z^2)\exp(-sz) \\
\mathcal{F}_3^*(z) &= (b_{13} + b_{33}z + b_{53}z^2)\exp(\hat{s}z) + (b_{23} + b_{43}z + b_{63}z^2)\exp(-\hat{s}z).
\end{aligned}
$$
(4.61)

Zur Bestimmung der 18 Koeffizienten b_{ij} mit $i = 1, \ldots, 6$ und $j = 1, 2, 3$ von Gl. 4.61 kann diese in die sechs Kompatibilitätsbeziehungen (3.9) eingesetzt werden. Man erhält daraus sechs Gleichungen, wobei aber nur drei Gleichungen unabhängig voneinander sind. Werden diese drei unabhängigen Beziehungen mit den NEUMANN-Randbedingungen Gl. 4.43 in Beziehung gebracht, so lassen sich die Koeffizienten b_{ij} mit $i = 1, \ldots, 6$ und $j = 1, 2, 3$ bestimmen. Dabei sind, wie bei den Verschiebungen nach PAGANO in Abschn. 4.4.1, sechs Koeffizienten Null und sechs weitere sind linear von den eigentlichen Koeffizienten abhängig. Das Resultat der drei unabhängigen Gleichungen ist den drei Gleichungen des LAMÉ-NAVIER-Differenzialgleichungssystems (Gl. 2.19) sehr ähnlich. Das abschließende Ergebnis der drei Spannungsfunktionen wird hier nicht dargestellt, da es von geringem Wert ist.

Nachdem die Spannungsfunktionen für $\mathcal{F}_1$, $\mathcal{F}_2$ und $\mathcal{F}_3$ bestimmt wurden, können die Ergebnisse für die Spannungen, welche aus den Verschiebungen und den Spannungsfunktionen gebildet wurden, verglichen werden. Man stellt fest, dass beide Ansätze identische Spannungen liefern. Also war die Annahme, dass die Integrationskonstanten Null sind, richtig.

4 Analytische Lösungen im 3D-Raum

4.6 Abschließende Bemerkungen zu den Ansätzen von Maxwell und Pagano

Zur Findung von analytischen Lösungen in der räumlichen Kontinuumsmechanik ist meist nicht klar, welcher Ansatz verwendet werden soll. Die folgenden Regeln können dabei helfen:

- Wenn Spannungsrandbedingungen gegeben sind, sind Spannungsfunktionen eventuell die beste Wahl, siehe Abschn. 4.1. Dabei können für die Spannungsfunktionen Polynomfunktionen und FOURIER-Reihen verwendet werden.
- Liegen Verschiebungsrandbedingungen vor, ist ein Verschiebungsansatz meist am besten, siehe Abschn. 4.4. Als Ansatz für die Verschiebungen eignen sich in der Regel nur FOURIER-Reihen.
- Bei kombinierten Verschiebungs- und Spannungsrandbedingungen kann das Problem eventuell in Teilprobleme zerlegt werden, die am Ende überlagert werden.

Wenn komplexe Belastungen vorliegen, kann diese

1. in eine Vielzahl einfacher Lastfälle zerlegt werden, die superpositioniert werden können, oder
2. man beschreibt die Belastung mittels FOURIER-Reihen und überlagert am Ende die Ergebnisse von jedem Reihenglied.

Abschließend sei bemerkt, dass das Verfahren von PAGANO zwar insofern den Spannungsfunktionen von MAXWELL überlegen ist, da auch analytische Lösungen für Werkstoffe mit orthotropen Materialeigenschaften gefunden werden können, jedoch ist die Menge der möglichen Verschiebungsansätze begrenzt.

Was Sie aus diesem *essential* mitnehmen können

- Essentielle Grundlagen der linearen Kontinuumsmechanik mit den daraus resultierenden wichtigen Grundgleichungen
- Geschichtliche Entwicklung der Spannungsfunktionen nach MAXWELL, MORERA und anderen
- Verwendung eines Verschiebungsansatzes nach PAGANO
- Spannungsfunktionen nach MAXWELL und MORERA für verschiedene 3D-Probleme
- Gleichheit der Ergebnisse bei Verwendung von Spannungsfunktionen nach MAXWELL und MORERA
- Analytische Lösung einer dicken Platte mittels einer Spannungsfunktion nach Maxwell
- Analytische Lösung einer dicken Platte mittels Verschiebungsfunktionen
- Transformation der Verschiebungsfunktionen in Spannungsfunktionen

© Springer Fachmedien Wiesbaden GmbH 2017
M. Hahn und R.D. Jarzabek, *3D-Spannungsanalyse von linear elastisch homogenen Körpern*, essentials, DOI 10.1007/978-3-658-17274-9

Literatur

1. G. B. Airy, On the strains in the interior of beams, Philosophical transactions of the Royal Society of London 153 (1863) 49–79.
2. J. C. Maxwell, On reciprocal diagrams in space and their relation to airy's function of stress, Proceedings of the London Mathematical Society, Vol. II (1866) 58–63.
3. G. Morera, Soluzione ggeneral delle equnzioni indefinite dell'equilibrio di un corpo continuo, Rendiconti, Atti della Reale. Accademia dei Lincei 1 (1892) 137–141.
4. E. Beltrami, Osservazioni sulla nota precedente g. morera, Rendiconti, Atti della Reale. Accademia dei Lincei 1 (1892) 141–142.
5. E. Beltrami, Sull'Interpretazione meccanica delle formole die Maxwell, Memorie della R. Accademia delle Science dell'istituto di Bologna IV (VII) (1886) 190–223.
6. W. Ritz, Über eine neue Methode zur Lösung gewisser Variationsprobleme der mathematischen Physik, Journal für reine und angewandte Mathematik 135 (1) (1909) 1–61.
7. J. W. Strutt or Rayleigh, Theory of sound, Macmillan and Co., London, 1877.
8. N. J. Pagano, Exact solutions for rectangular bidirectional composites and sandwich plates, Journal of Composite Materials 4 (20) (1970) 20–34.
9. N. J. Pagano, Mechanics of Composite Materials, Selected Works of Nicolas J. Pagano, Kluwer Academic Publishers, Dordrecht, 1994, Ch. Exact Solutions for rectangular Bidirectional Composites and Sandwichplates, pp. 86–101.
10. N. I. Muskhelishvili, Some basic problems of the mathematical theory of elasticity: fundamental equations plane theory of elasticity torsion and bending, 4th Edition, Noordhoff, Groningen, 1963.
11. S. Timoshenko, J. N. Goodier, Theory of Elasticity, McGraw-Hill Book Company (UK) Limited, London, 1951.
12. V. V. Novozhilov, Theory of elasticity, Pergamon Press, Oxford, 1961.
13. M. Filonenko-Borodich, Theory of Elasticity, Noordhoff, approx. 1960.
14. M. H. Sadd, Elasticity, Theory, Application, and Numerics, Academic Press, Oxford, 2009.
15. H. Eschenauer, W. Schnell, Elastizitätstheorie, Grundlagen, Flächentragwerke, Strukturoptimierung, BI-Wissenschaftsverlag, Mannheim, 1993.
16. P. C. Chou, N. J. Pagano, Elasticity, Tensor, Dyadic and engineering approaches, Dover Publications INC, New York, 1967.
17. W. Wunderlich, W. C. Pilkey, Mechanics of structures, Variational and computational methods, CRC Press Inc, 2003.

© Springer Fachmedien Wiesbaden GmbH 2017   61
M. Hahn und R.D. Jarzabek, *3D-Spannungsanalyse von linear elastisch homogenen Körpern*, essentials, DOI 10.1007/978-3-658-17274-9

18. J. N. Reddy, Mechanics of laminated Composite Plates and Shells, Theory and Analysis, CRC Press LLC London, 2004.
19. H. Parkus, Thermoelasticity, 2nd Edition, Springer-Verlag, Wien, 1976.
20. M. Deuschle, 3D Failure Analysis of UD Fibre Reinforced Composites: Puck's Theory within FEA, Dissertation, Universität Stuttgart (2010).
21. R. Kienzler, R. Schröder, Einführung in die höhere Festigkeitslehre, Springer-Verlag, Berlin Heidelberg, 2009.
22. M. B. de Saint-Venant, Élasticité des solides, Société Philomatique de Paris (1860) 77–80.
23. D. V. Georgiyevskii, B. Y. Pobedrya, The number of independent compatibility equatione quations in the mechanics of deformable solids, Journal of applied mathematics and mechanics 68 (2004) 941–946.
24. W. H. D. Gross, P. Wriggers, Technische Mechanik 4, Hydromechanik, Elemente der höheren Mechanik, numerische Methoden, Springer-Verlag, Berlin, 2007.
25. J. H. Michell, On the direct determination of stress in an elastic solid with application to the theory of plates, Proceedings of the London Mathematical Society (1899) 100–124.
26. H. Langhaar, M. Stippes, Three-dimensional stress functions, Journal of the Franklin Institute 258 (5) (1954) 371–382. doi:http://dx.doi.org/10.1016/0016-0032(54)90823-6.
27. H. G. Hahn, Elastizitätstheorie, B. G. Teubner Stuttgart, 1985.
28. J. Kaufmann, Analytische Lösungen für Scheiben unter thermo-mechanischer Last mittels der Methode von Pagano, Studienarbeit, Universität Stuttgart (2013).
29. Y. Lorenz, Analytische Näherungslösungen von Scheiben auf der Basis von Fourier-Reihen, Studienarbeit, Technische Universität Dresden (2017).
30. A. Selvadurai, Partial Differential Equations in Mechanics 2: The Biharmonic Equation, Poisson's Equation, Springer, Berlin, 2000.
31. L. Euler, Decouverte d'un nouveau principe de Mecanique, Mémoires de l'académie des sciences de Berlin 6 E177 (Also in: Opera Omnia: Series 2, Volume 5, pp. 81–108) (1752) 185–217.
32. L. Euler, Principes generaux de létat déquilibre des fluides, Mémoires de l'Académie des Sciences de Berlin 11 E225 (Also in: Opera Omnia: Series 2, Volume 12, pp. 2–53) (1757) 217–273.
33. C. L. M. H. Navier, Mémoires sur les lois de l'équilibre et du mouvement des corps solides élastiques, Mém. Acad. Sci. Fr. 7 (1824) 375–393.
34. A. L. Cauchy, Recherches sur l'équilibre et le mouvment intérieur des corps solides ou fluides, élastiques ou non élastiques, Bulletin de Sciences par la Société Philomatique (1822) 9–13.
35. J. Betten, Kontinuumsmechanik, Elastisches und inelastisches Verhalten isotroper und anisotroper Stoffe, Springer, 2001.
36. G. A. Holzapfel, Nonlinear Solid Mechanics, A Continuum Approach for Engineers, John Wiley & Sons, LTD, Chichester, 2000.
37. W. J. Ibbetson, On the Airy-Maxwell solution of the equations of equilibrium of an isotropic elastic solid under conservative forces, Proceedings of the London Mathematical Society XVII (1886) 296–309.

38. B. Galerkin, Contribution á la solution générale du probléme de la théorie de l'élasticité dans le cas de trois dimenions, Composites rendus des séances de l'académie des sciences Paris 190 (1930) 1047.

39. P. F. Papkovitch, Solution générale des équations différentielles fondamentales d'élasticité, exprimée par traos fonctions harmoniques, Composites rendus des séances de l'académie des sciences Paris 195 (1932) 513–515.

40. V. I. Bloch, Stress functions in the theory of elasticity, Prikladnaja matematika i mechanika 14 (1950) 415–422.

41. H. Göldner, Lehrbuch Höhere Festigkeitslehre, VEB Fachbuchverlag Leipzig, 1979.

42. J. C. Maxwell, On reciprocal figures, frames, and diagrams of forces, Translation of the Royal Society of Endinburgh, Vol. XXVI (01) (1870) 58–63.

43. H. Neuber, Ein neuer Ansatz zur Lösung räumlicher Probleme der Elastizitätstheorie. Der Hohlkegel unter Einzellast, Zeitschrift für angewandte Mathematik und Mechanik 14(4) (1934) 203–212.

44. H. Neuber, Ableitung Filonscher Antiplanspannungen aus dem Dreifunktionenansatz, Zeitschrift für Angewandte Mathematik und Mechanik 18 (3) (1938) 196–196. doi: 10.1002/zamm.19380180308. URL http://dx.doi.org/10.1002/zamm.19380180308.

45. H. Neuber, Über das Kerbproblem in der Plattentheorie, Zeitschrift für Angewandte Mathematik und Mechanik 20 (4) (1940) 199–209. doi:10.1002/zamm.19400200403. URL http://dx.doi.org/10.1002/zamm.

46. P. F. Papkovitch, Expressions générale des composantes des tensions, ne renfermant comme fonctions arbitraires que des fonctions harmoniques, Composites rendus des sánces de l'académie des sciences Paris 195 (1932) 754–756.

47. H. Neuber, Kerbspannungslehre: Theorie der Spannungskonzentration; genaue Berechnung der Festigkeit, 3rd Edition, Springer, Berlin; Heidelberg [u.a.], 1985. http://digitool.hbz-nrw.de:1801/webclient/DeliveryManager?pid=3677339.

48. R. D. Mindlin, Note on the Galerkin and Papkovitch stress functions, Bull. Amer. Math. Soc. 42 (1936) 373–376.

49. W. Riedel, Beiträge zur Lösung des ebenen Problems eines elastischen Körpers mittels der Airyschen Spannungsfunktion, Zeitschrift für Angewandte Mathematik und Mechanik 7, Heft 3 (1927) 169–188.

50. C. Weber, Spannungsfunktionen des dreidimensionalen Kontinuums, Zeitschrift für angewandte Mathematik und Mechanik (ZAMM) 28 (7–8) (1948) 193–197.

51. H. Schäfer, Spannungsfunktionen des dreidimensionalen Kontinuums und des elastischen Körpers, Zeitschrift für angewandte Mathematik und Mechanik (ZAMM) 33 (10/11) (1953) 356–362.

52. C. Truesdell, Invariant and complete stress functions for general continua, Archive for Rational Mechanics and Analysis 4 (1) (1959) 1–29. http://dx.doi.org/10.1007/BF00281376.

53. E. Kröner, Die Spannungsfunktionen der dreidimensionalen isotropen Elastizitfitstheorie, Zeitschrift für Physik 139 (1954) 175–188.

54. E. Kröner, Die Spannungsfunktionen der dreidimensionalen anisotropen Elastizitlitstheorie, Zeitschrift für Physik 141 (1955) 386–398.

55. K. Marguerre, Ansätze zur Lösung der Grundgleichungen der Elastizitätstheorie, Zeitschrift für angewandte Mathematik und Mechanik (ZAMM) 35 (6/7) (1955) 242–263.

56. W. Günther, Spannungsfunktionen und Verträglichkeitsbedingungen der Kontinuumsmechanik, Abhandlungen der Braunschweigischen Wissenschaften Gesellschaft 6 (1954) 207–219.
57. M. Gurtin, A generalization of the Beltrami stress functions in continuum mechanics, Archive for Rational Mechanics and Analysis 13 (1) (1963) 321–329. doi: 10.1007/BF01262700. URL http://dx.doi.org/10.1007/BF01262700.
58. R. F. Gwyther, The formal specification of the elements of stress in cartesian, and in cylindrical and spherical polar coordinates, Menchester Memoirs 10 (1912) 1–13.
59. B. Finzi, Integrazione delle equazioni indefinite delle mecanica dei sistemi continui, Rendiconti, Atti della Reale. Accademia dei Lincei 6 (19) (1934) 578–584.
60. N. Ostrosablin, Compatibility conditions of small deformations and stress functions, Journal of Applied Mechanics and Technical Physics 38 (5) (1997) 774–783. http://dx.doi.org/10.1007/BF02467892.
61. G. Rieder, Über eine Spezialisierung des Schaeferschen Spannungsfunktionenansatzes in der räumlichen Elastizitätstheorie, Zeitschrift für Angewandte Mathematik und Mechanik 44 (7) (1964) 329–330. doi: 10.1002/zamm.19640440706. http://dx.doi.org/10.1002/zamm.19640440706.
62. E. Bertóti, On the stress function approach in three-dimensional elasticity, Acta Mechanica 190 (2007) 197–204.
63. G. V. Kolosov, Über die Anwendung der komplexen Funktionstheorie auf das ebene Problem der mathematischen Elastizitätstheorie, Original in russisch, Ph.D. thesis, Universität Yuriew (Dorpat) (1909).
64. Y. A. Krutkov, The tensor of stress functions and general solutions in statics of elasticity theory, Izd. Akad. Nauk SSSR Moscow-Leningrad.
65. B. F. Vlasov, Equations for determination of the Morera and Maxwell stress functions, Dokl. Akad. Nauk SSSR 197 (1) (1971) 56–58.
66. V. S. Kalinin, On the solution of the direct problem of linear elastic theory in therms of stresses, Problems of Mechanics of Ships [In Russian] (1973) 105–112.
67. N. M. Borodachev, One approach to the solution of the spatial elastic problem in terms of stresses, Prikl. Mekh. 31 (12) (1995) 38–44.
68. A. C. Stevenson, Complex potentials in two-dimensional elasticity, Proceedings of the Royal Society of London Series A 184 (997) (1945) 129–179.
69. G. A. Kardomates, Three-dimensional elasticity solution for sandwich plates with orthotropic phases: The positive discriminant case, Journal of applied mechanics 76 (2009) 014505-1 - 014505-4.
70. V. B. Tungikar, K. M. Rao, Three dimensional exact solution of thermal stresses in rectangular composite laminate, Composite Structures 27 (1994) 419–430.
71. P. Hüttl, Analytische Lösungen der Pagano-Platte, Bachelorarbeit, Universität Stuttgart (2015).